练习

Eureka Math®
1年级掌握度
模块4-6

Great Minds PBC is the creator of Eureka Math®,
Wit & Wisdom®, Alexandria Plan™, and Phd Science™.

Published by Great Minds PBC. greatminds.org

Copyright © 2020 Great Minds PBC. All rights reserved. No part of this work may be reproduced or used in any form or by any means—graphic, electronic, or mechanical, including photocopying or information storage and retrieval systems—without written permission from the copyright holder.

ISBN 978-1-64929-301-5

1 2 3 4 5 6 7 8 9 10 CCD 25 24 23 22 21 20

Printed in the USA

学习•练习•成功

Eureka Math® 的学生教材 *A Story of Units*®（幼儿园到 5 年级）可以在学习、练习、成功三合一课程中取得。本系列支持差异学习和辅导，同时保持学生教材条理清晰且易于使用。教育人员会发现学习、练习 和成功系列还具备连贯性的介入响应模式（Response to Intervention / RTI），因此学习更有效率，并提供额外练习和夏季学习资源。

学习

Eureka Math 学习可作为学生的课堂伙伴，帮助其展示自己的想法、分享他们知道的内容、看着他们每天累积知识。学习通过容易存放和浏览的书册集合了每日的课堂作业—应用题、退出票、问题集和模版。

练习

每堂 *Eureka Math* 课程从一系列充满活力、欢乐的掌握度活动开始进行，包括 *Eureka Math* 练习的内容。精通数学的学生可以更深入地掌握更多教材。通过练习，学生将掌握新习得的技能，并加强以前的学习，为下一堂课做准备。

学习和练习一起提供学生用于核心数学教学所需的所有印刷教材。

成功

Eureka Math 成功让学生可以独立学习并精通内容。每一课的额外问题集都与课堂的教学一致，因此非常适合当作家庭作业或额外练习。每个问题集都伴随一个家庭作业助手，它是一组说明如何解决类似问题的练习例题。

老师和导师可以使用前一年级的成功课本作为课程一致性的工具，以填补基础知识的落差。随着熟悉的模型加强与当前年级内容的联系，学生将蓬勃发展，并更快地进步。

学生、家庭和教育人员：

谢谢您加入 *Eureka Math*® 社区，我们在此赞扬数学带来的乐趣、美好和震撼。我们表现兴奋之情最明显的方式之一，就是通过 *Eureka Math* 练习课程中提供的熟练度练习活动来展现。

什么是数学的掌握度？

你可能会想到掌握度与语言艺术有关，它指的是轻松地说和写。从学前班直至五年级，*Eureka Math* 的课程包含多个日常建立数学掌握度的机会。每个机会的设计理念都相同—培养每个学生轻松应用数学的能力。学生通常能以快节奏且充满活力的方式体验到掌握度，赞赏自己的进步并专注于理解教材的模式与联结。它们不用于评分。

Eureka Math 的掌握度课程以各种形式提供差异化的练习—有些是通过口头进行，有些要使用教学道具，有些会用到个人白板，还有一些是采用讲义和笔的形式进行。*Eureka Math* 练习为每个学生提供他或她所处年级的掌握度习题印刷教材。

什么是冲刺？

许多印刷的掌握度教学活动采用我们称为冲刺的形式。这些练习利用已经掌握的技能来提高速度和准确性。当学生接近最熟练时采用，冲刺会利用速度来建立低风险的肾上腺素增强功能，从而增加记忆力和回忆力。这个精心设计出的方式让冲刺具有与众不同的特性。习题从简单到复杂，习题的第一象限是最简单的，随后的每个象限都添加了复杂性。此外，习题经过精心的排序，可以让学生投入更高层次的思维能力。

建议实现冲刺的形式，是要求学生以相同的技能进行两个连续的冲刺练习（标记为 A 和 B），每次计时一分钟。学生在冲刺之间要暂停一下，以阐述他们在进行第一个冲刺时注意到的模式。若能注意到这些模式，通常会自然提高学生在进行第二次冲刺的表现。

冲刺也可以使用不计时方法进行。当学生仍处于第一象限题目的复杂度水平以建立信心的阶段时，强烈建议使用不计时方案。在所有学生都准备好成功冲刺时，提高速度和准确性的练习以计时的方式通常会受到学生的欢迎并且能激励人心。

我在哪里可以找到其他掌握度练习活动？

Eureka Math 教师版指导教育人员进行每节课的所有掌握度活动，包括不需要印刷教材的活动。此外，*Eureka* 数字套装让教育人员可以随时取得所有年级水平的熟练度活动，并且能按标准或课程进行搜索。

祝福您一整年都充满着灵光乍现的时刻！

吉尔·迪尼兹（Jill Diniz）
数学总监
Great Minds

内容

模块 4

第1课：分开数字 3

第2课：核心加法掌握度评估 5

第5课：多10少10复习冲刺 7

第7课：+1，-1，+10，-10冲刺 11

第7课：大的数位表 15

第8课：核心减法掌握度评估 17

第10课：40以内数字序列冲刺 19

第12课：10以内相关加减法冲刺 23

第17课：核心加法掌握度审查：缺失的加数 27

第19课：40以内类比加法冲刺 29

课22：10以内和20以内相关加减法冲刺 33

课23：我的加法练习 37

第23课：我缺失的加数练习 39

第23课：我相关的加减法练习 41

课23：我的减法练习 43

第23课：我的综合练习 45

第25课：缺失的加数，两位数加法冲刺 47

第27课：进入前51名

第29课：进入前 53

模块 5

第1课：核心加法冲刺1 57

第1课：核心加法冲刺2 61

第1课：核心减法冲刺 65

第1课：核心掌握度冲刺：总和为5、6、7 69

第1课：核心掌握度冲刺：总和为8、9、10 73

第3课：我的加法练习 77

第3课：我缺失的加数练习 79

第3课：我相关的加减法练习	81
第3课：我的减法练习	83
第3课：我的混合练习。	85

模块 6

第1课：我的加法练习	89
第1课：我缺失的加数练习	91
第1课：我相关的加减法练习	93
第1课：我的减法练习	95
第1课：我的综合练习	97
第3课：核心加法冲刺1	99
第3课：核心加法冲刺2	103
第3课：核心减法冲刺	107
第3课：核心掌握度冲刺：总和为5、6、7	111
第3课：核心掌握度冲刺：总和为8、9、10	115
第9课：+1，-1，+10，-10冲刺	119
第10课：进入前名	123
第18课：样式表列表A或B	125
第26课：时间记录表	127
第27课：二维形状抽认卡	129
第27课：形状记录表	137
第28课：数点冲刺	139
第28课：箭靶练习	143
第28课：竞速进入前	145
第29课：数字模破折号10	147

1年级模块4

| 单位的故事 | 第1课掌握度模板 | 1●4 |

分解数字

第1课: 比较数每个数和每十个数的效率。

姓名 _____ 日期 _____

核心加法掌握度评估

1. 2 + 0 = ___
2. 2 + 1个 = ___
3. 2 + 2 = ___
4. 4 + 0 = ___
5. 0 + 4 = ___
6. 0 + 3 = ___
7. 0 + 0 = ___
8. 3 + 1个 = ___
9. 1个 + 3 = ___
10. 1个 + 4 = ___
11. 1个 + 5 = ___
12. 5 + 1个 = ___
13. 1个 + 7 = ___
14. 7 + 1个 = ___
15. 1个 + 8 = ___

16. 1个 + 6 = ___
17. 6 + 1个 = ___
18. 6 + 2 = ___
19. 5 + 2 = ___
20. 4 + 3 = ___
21. 2 + 3 = ___
22. 2 + 4 = ___
23. 4 + 2 = ___
24. 3 + 2 = ___
25. 9 + 1个 = ___
26. 8 + 2 = ___
27. 7 + 2 = ___
28. 7 + 3 = ___
29. 6 + 3 = ___
30. 6 + 4 = ___

31. 5 + 3 = ___
32. 3 + 5 = ___
33. 3 + 4 = ___
34. 3 + 3 = ___
35. 4 + 4 = ___
36. 5 + 4 = ___
37. 4 + 6 = ___
38. 2 + 7 = ___
39. 2 + 8 = ___
40. 2 + 5 = ___
41. 5 + 5 = ___
42. 4 + 5 = ___
43. 2 + 6 = ___
44. 3 + 6 = ___
45. 3 + 7 = ___

单位的故事 第5课冲刺练习 1•4

A

姓名 _____ 日期 _____

答对数目:

*写出缺失的数字。

1.	10 + 3 = ☐		16.	10 + ☐ = 11	
2.	10 + 2 = ☐		17.	10 + ☐ = 12	
3.	10 + 1 = ☐		18.	5 + ☐ = 15	
4.	1 + 10 = ☐		19.	4 + ☐ = 14	
5.	4 + 10 = ☐		20.	☐ + 10 = 17	
6.	6 + 10 = ☐		21.	17 − ☐ = 7	
7.	10 + 7 = ☐		22.	16 − ☐ = 6	
8.	8 + 10 = ☐		23.	18 − ☐ = 8	
9.	12 − 10 = ☐		24.	☐ − 10 = 8	
10.	11 − 10 = ☐		25.	☐ − 10 = 9	
11.	10 − 10 = ☐		26.	1 + 1 + 10 = ☐	
12.	13 − 10 = ☐		27.	2 + 2 + 10 = ☐	
13.	14 − 10 = ☐		28.	2 + 3 + 10 = ☐	
14.	15 − 10 = ☐		29.	4 + ☐ + 3 = 17	
15.	18 − 10 = ☐		30.	☐ + 5 + 10 = 18	

第5课: 识别比一个两位数大10的，小10的，大1的和小1的数字。

单位的故事　　　　　　　　　　　　　　　　　　　第5课冲刺练习　1•4

B

姓名 _____　　日期 _____

答对数目：

*写出缺失的数字。

1.	10 + 1 = ☐		16.	10 + ☐ = 10	
2.	10 + 2 = ☐		17.	10 + ☐ = 11	
3.	10 + 3 = ☐		18.	2 + ☐ = 12	
4.	4 + 10 = ☐		19.	3 + ☐ = 13	
5.	5 + 10 = ☐		20.	☐ + 10 = 13	
6.	6 + 10 = ☐		21.	13 − ☐ = 3	
7.	10 + 8 = ☐		22.	14 − ☐ = 4	
8.	8 + 10 = ☐		23.	16 − ☐ = 6	
9.	10 − 10 = ☐		24.	☐ − 10 = 6	
10.	11 − 10 = ☐		25.	☐ − 10 = 8	
11.	12 − 10 = ☐		26.	2 + 1 + 10 = ☐	
12.	13 − 10 = ☐		27.	3 + 2 + 10 = ☐	
13.	15 − 10 = ☐		28.	2 + 3 + 10 = ☐	
14.	17 − 10 = ☐		29.	4 + ☐ + 4 = 18	
15.	19 − 10 = ☐		30.	☐ + 6 + 10 = 19	

第5课：　识别比一个两位数大10的，小10的，大1的和小1的数字。

单位的故事

A

第7课冲刺　1·4

姓名 _____　日期 _____

答对数目：

*写出缺失的数字。注意加减号。

1	5 + 1 = ☐		16	29 + 10 = ☐	
2	15 + 1 = ☐		17	9 + 1 = ☐	
3	25 + 1 = ☐		18	19 + 1 = ☐	
4	5 + 10 = ☐		19	29 + 1 = ☐	
5	15 + 10 = ☐		20	39 + 1 = ☐	
6	25 + 10 = ☐		21	40 − 1 = ☐	
7	8 − 1 = ☐		22	30 − 1 = ☐	
8	18 − 1 = ☐		23	20 − 1 = ☐	
9	28 − 1 = ☐		24	20 + ☐ = 21	
10	38 − 1 = ☐		25	20 + ☐ = 30	
11	38 − 10 = ☐		26	27 + ☐ = 37	
12	28 − 10 = ☐		27	27 + ☐ = 28	
13	18 − 10 = ☐		28	☐ + 10 = 34	
14	9 + 10 = ☐		29	☐ − 10 = 14	
15	19 + 10 = ☐		30	☐ − 10 = 24	

第7课：　比较两个数量,并确定两个给定数字中较大的或较小的。

B

单位的故事 第7课冲刺 1•4

名称 _____ 日期 _____

答对数目：

*写出缺失的数字。注意加减号。

1	4 + 1 = ☐		16	28 + 10 = ☐	
2	14 + 1 = ☐		17	9 + 1 = ☐	
3	24 + 1 = ☐		18	19 + 1 = ☐	
4	6 + 10 = ☐		19	29 + 1 = ☐	
5	16 + 10 = ☐		20	39 + 1 = ☐	
6	26 + 10 = ☐		21	40 − 1 = ☐	
7	7 − 1 = ☐		22	30 − 1 = ☐	
8	17 − 1 = ☐		23	20 − 1 = ☐	
9	27 − 1 = ☐		24	10 + ☐ = 11	
10	37 − 1 = ☐		25	10 + ☐ = 20	
11	37 − 10 = ☐		26	22 + ☐ = 32	
12	27 − 10 = ☐		27	22 + ☐ = 23	
13	17 − 10 = ☐		28	☐ + 10 = 39	
14	8 + 10 = ☐		29	☐ − 10 = 19	
15	18 + 10 = ☐		30	☐ − 10 = 29	

第7课： 比较两个数量，并确定两个给定数字中较大的或较小的。

单位的故事 | 第7课掌握度模板 | 1●4

十(位数)	个(位数)

大的数位图

第7课： 比较两个数量，并确定两个给定数字中较大的或较小的。

单位的故事 第8课核心减法掌握度评估

姓名 _____   日期 _____

核心减法掌握度回顾

1. 8 - 0 = ___
2. 8 - 1 = ___
3. 7 - 7 = ___
4. 3 - 3 = ___
5. 3 - 2 = ___
6. 4 - 2 = ___
7. 5 - 2 = ___
8. 5 - 3 = ___
9. 9 - 2 = ___
10. 8 - 2 = ___
11. 7 - 2 = ___
12. 4 - 4 = ___
13. 4 - 3 = ___
14. 5 - 4 = ___
15. 8 - 3 = ___

16. 9 - 3 = ___
17. 10 - 3 = ___
18. 10 - 4 = ___
19. 10 - 2 = ___
20. 10 - 8 = ___
21. 10 - 7 = ___
22. 10 - 6 = ___
23. 6 - 6 = ___
24. 7 - 7 = ___
25. 7 - 6 = ___
26. 8 - 8 = ___
27. 8 - 7 = ___
28. 9 - 9 = ___
29. 9 - 8 = ___
30. 10 - 9 = ___

31. 5 - 5 = ___
32. 6 - 5 = ___
33. 7 - 5 = ___
34. 8 - 5 = ___
35. 8 - 4 = ___
36. 10 - 5 = ___
37. 9 - 5 = ___
38. 9 - 4 = ___
39. 6 - 3 = ___
40. 6 - 4 = ___
41. 7 - 3 = ___
42. 7 - 4 = ___
43. 8 - 6 = ___
44. 9 - 6 = ___
45. 9 - 7 = ___

第8课： 从左到右比较数量和数字。

A

单位的故事　　　　　　　　　　　　　　　　　　　　　第10课冲刺　1•4

答对数目：

姓名 _____　　日期 _____

*在序列中写出丢失的数字。

1.	0、1、2, ___		16.	15, ___, 13、12	
2.	10、11、12, ___		17.	___, 24, 23, 22	
3.	20、21、22, ___		18.	6, 16, ___, 36	
4.	10、9、8, ___		19.	7, ___, 27、37	
5.	20、19、18, ___		20.	___, 19, 29, 39	
6.	40、39、38, ___		21.	___, 26, 16, 6	
7.	0、10、20, ___		22.	34, ___, 14, 4	
8.	2, 12, 22, ___		23.	___, 20, 21, 22	
9.	5、15、25, ___		24.	29, ___, 31, 32	
10.	40、30、20, ___		25.	5, ___, 25、35	
11.	39、29、19, ___		26.	___, 25、15、5	
12.	7、8、9, ___		27.	2, 4, ___, 8	
13.	7, 8, ___, 10		28.	___, 14、16、18	
14.	17, ___, 19, 20		29.	8, ___, 4、2	
15.	15、14, ___, 12		30.	___, 18、16、14	

第10课：　使用符号>, =和<比较数字和数量。

B

单位的故事 第10课冲刺 1•4

答对数目：

姓名 _____   日期 _____

*在序列中写出丢失的数字。

1.	1、2、3、__		16.	13, __, 11、10	
2.	11、12、13, __		17.	__, 22, 21, 20	
3.	21、22、23, __		18.	5、15, __, 35	
4.	10、9、8, __		19.	4, __, 24、34	
5.	20、19、18, __		20.	__, 17、27、37	
6.	30、29、28, __		21.	__, 29, 19, 9	
7.	0、10、20, __		22.	31, __, 11, 1	
8.	3、13、23, __		23.	__, 30, 31, 32	
9.	6、16、26, __		24.	19, __, 21、22	
10.	40、30、20, __		25.	5, __, 25、35	
11.	38、28、18, __		26.	__, 25、15、5	
12.	6、7、8, __		27.	2, 4, __, 8	
13.	6, 7, __, 9		28.	__, 12、14、16	
14.	16, __, 18、19		29.	12, __, 8、6	
15.	16, __, 14、13		30.	__, 20, 18, 16	

第10课： 使用符号>, =和<比较数字和数量。

A

姓名 _____ **日期** _____

答对数目:

*写出缺失的数字。注意 + 和 - 符号。

1.	3 + □ = 4		16.	3 + □ = 7	
2.	1 + □ = 4		17.	7 = 4 + □	
3.	4 − 1 = □		18.	7 − 4 = □	
4.	4 − 3 = □		19.	7 − 3 = □	
5.	3 + □ = 5		20.	3 + □ = 8	
6.	2 + □ = 5		21.	8 = 5 + □	
7.	5 − 2 = □		22.	□ = 8 − 5	
8.	5 − 3 = □		23.	□ = 8 − 3	
9.	4 + □ = 6		24.	3 + □ = 9	
10.	2 + □ = 6		25.	9 = 6 + □	
11.	6 − 2 = □		26.	□ = 9 − 6	
12.	6 − 4 = □		27.	□ = 9 − 3	
13.	6 − 3 = □		28.	9 − 4 = □ + 2	
14.	3 + □ = 6		29.	□ + 3 = 9 − 3	
15.	6 − □ = 3		30.	□ − 7 = 8 − 6	

第12课: 把一个两位数加十。

单位的故事

B

第12课冲刺 1•4

答对数目：

姓名 _____ 日期 _____

*写出缺失的数字。注意 + 和 - 符号。

1.	4 + □ = 4		16.	2 + □ = 7	
2.	0 + □ = 4		17.	7 = 5 + □	
3.	4 - 0 = □		18.	7 - 5 = □	
4.	4 - 4 = □		19.	7 - 2 = □	
5.	4 + □ = 5		20.	2 + □ = 8	
6.	1 + □ = 5		21	8 = 6 + □	
7.	5 - 1 = □		22.	□ = 8 - 6	
8.	5 - 4 = □		23.	□ = 8 - 2	
9.	5 + □ = 6		24.	2 + □ = 9	
10.	1个 + □ = 6		25.	9 = 7 + □	
11.	6 - 1 = □		26.	□ = 9 - 7	
12.	6 - 5 = □		27.	□ = 9 - 2	
13.	2 + □ = 6		28.	9 - 3 = □ + 3	
14.	4 + □ = 6		29.	□ + 2 = 9 - 4	
15.	6 - 4 = □		30.	□ - 6 = 8 - 3	

第12课： 把一个两位数加十。

姓名 _____   日期 _____

核心加法掌握度性回顾：缺少的加数

1. 5 + ___ = 5
2. 4 + ___ = 5
3. 2 + ___ = 5
4. 3 + ___ = 5
5. 0 + ___ = 5
6. 1 + ___ = 5
7. 1 + ___ = 6
8. 0 + ___ = 6
9. 6 + ___ = 6
10. 5 + ___ = 6
11. 3 + ___ = 6
12. 4 + ___ = 6
13. 2 + ___ = 6
14. 2 + ___ = 7
15. 5 + ___ = 7

16. 6 + ___ = 7
17. 1 + ___ = 7
18. 0 + ___ = 7
19. 7 + ___ = 7
20. 3 + ___ = 7
21. 4 + ___ = 7
22. 4 + ___ = 8
23. 5 + ___ = 8
24. 6 + ___ = 8
25. 2 + ___ = 8
26. 3 + ___ = 8
27. 0 + ___ = 8
28. 8 + ___ = 8
29. 7 + ___ = 8
30. 1 + ___ = 8

31. 9 + ___ = 9
32. 0 + ___ = 9
33. 1 + ___ = 9
34. 2 + ___ = 9
35. 7 + ___ = 9
36. 6 + ___ = 9
37. 5 + ___ = 9
38. 3 + ___ = 9
39. 4 + ___ = 9
40. 4 + ___ = 10
41. 5 + ___ = 10
42. 6 + ___ = 10
43. 3 + ___ = 10
44. 1 + ___ = 10
45. 2 + ___ = 10

第17课： 一位数与一位数相加，或两位数与两位数相加。

单位的故事　　　　　　　　　　　　　　　　　　　　第19课冲刺　1●4

A

姓名 _____　　日期 _____

答对数目:

*写出缺失的数字。

1	6 + 1 = ☐		16	6 + 3 = ☐	
2	16 + 1 = ☐		17	16 + 3 = ☐	
3	26 + 1 = ☐		18	26 + 3 = ☐	
4	5 + 2 = ☐		19	4 + 5 = ☐	
5	15 + 2 = ☐		20	15 + 4 = ☐	
6	25 + 2 = ☐		21	8 + 2 = ☐	
7	5 + 3 = ☐		22	18 + 2 = ☐	
8	15 + 3 = ☐		23	28 + 2 = ☐	
9	25 + 3 = ☐		24	8 + 3 = ☐	
10	4 + 4 = ☐		25	8 + 13 = ☐	
11	14 + 4 = ☐		26	8 + 23 = ☐	
12	24 + 4 = ☐		27	8 + 5 = ☐	
13	5 + 4 = ☐		28	8 + 15 = ☐	
14	15 + 4 = ☐		29	28 + ☐ = 33	
15	25 + 4 = ☐		30	25 + ☐ = 33	

第19课：　使用带形图作为表示来解决加在一起/拿走而总和未知和加上，而结果未知的文字习题。

单位的故事　　　　　　　　　　　　　　　　　　　　　　　第19课冲刺　1●4

B

答对数目：

姓名 _____　　日期 _____

*写出缺失的数字。

1	5 + 1 = ☐		16	6 + 3 = ☐	
2	15 + 1 = ☐		17	16 + 3 = ☐	
3	25 + 1 = ☐		18	26 + 3 = ☐	
4	4 + 2 = ☐		19	3 + 5 = ☐	
5	14 + 2 = ☐		20	15 + 3 = ☐	
6	24 + 2 = ☐		21	9 + 1 = ☐	
7	5 + 3 = ☐		22	19 + 1 = ☐	
8	15 + 3 = ☐		23	29 + 1 = ☐	
9	25 + 3 = ☐		24	9 + 2 = ☐	
10	6 + 2 = ☐		25	9 + 12 = ☐	
11	16 + 2 = ☐		26	9 + 22 = ☐	
12	26 + 2 = ☐		27	9 + 5 = ☐	
13	4 + 3 = ☐		28	9 + 15 = ☐	
14	14 + 3 = ☐		29	29 + ☐ = 34	
15	24 + 3 = ☐		30	25 + ☐ = 34	

第19课：　使用带形图作为表示来解决加在一起/拿走而总和未知和加上，而结果未知的文字习题。

A

姓名 _____ 日期 _____

答对数目:

*写出缺失的数字。注意 + 和 - 符号。

1	2 + 2 = ☐		16	2 + ☐ = 8	
2	2 + ☐ = 4		17	6 + ☐ = 8	
3	4 - 2 = ☐		18	8 - 6 = ☐	
4	3 + 3 = ☐		19	8 - 2 = ☐	
5	3 + ☐ = 6		20	9 + 2 = ☐	
6	6 - 3 = ☐		21	9 + ☐ = 11	
7	4 + ☐ = 7		22	11 - 9 = ☐	
8	3 + ☐ = 7		23	9 + ☐ = 15	
9	7 - 3 = ☐		24	15 - 9 = ☐	
10	7 - 4 = ☐		25	8 + ☐ = 15	
11	5 + 4 = ☐		26	15 - ☐ = 8	
12	4 + ☐ = 9		27	8 + ☐ = 17	
13	9 - 4 = ☐		28	17 - ☐ = 8	
14	9 - 5 = ☐		29	27 - ☐ = 8	
15	9 - ☐ = 4		30	37 - ☐ = 8	

第 22 课: 写各种类型的文字题。

单位的故事 第 22 课 冲刺练习 1•4

B

姓名 _____ 日期 _____

答对数目：

*写出缺失的数字。注意 + 和 - 符号。

1	3 + 3 = ☐		16	2 + ☐ = 9	
2	3 + ☐ = 6		17	7 + ☐ = 9	
3	6 - 3 = ☐		18	9 - 7 = ☐	
4	4 + 4 = ☐		19	9 - 2 = ☐	
5	4 + ☐ = 8		20	9 + 5 = ☐	
6	8 - 4 = ☐		21	9 + ☐ = 14	
7	4 + ☐ = 9		22	14 - 9 = ☐	
8	5 + ☐ = 9		23	9 + ☐ = 16	
9	9 - 5 = ☐		24	16 - 9 = ☐	
10	9 - 4 = ☐		25	8 + ☐ = 16	
11	3 + 4 = ☐		26	16 - ☐ = 8	
12	4 + ☐ = 7		27	8 + ☐ = 16	
13	7 - 4 = ☐		28	16 - ☐ = 8	
14	7 - 3 = ☐		29	26 - ☐ = 8	
15	7 - ☐ = 3		30	36 - ☐ = 8	

第 22 课: 写各种类型的文字题。

姓名 _____   日期 _____

我的加法练习

1. 6 + 0 = ___
2. 0 + 6 = ___
3. 5 + 1 = ___
4. 1个 + 5 = ___
5. 6 + 1 = ___
6. 1 + 6 = ___
7. 6 + 2 = ___
8. 5 + 2 = ___
9. 2 + 5 = ___
10. 2 + 4 = ___
11. 7 + 1 = ___
12. ___ = 1 + 7
13. 3 + 3 = ___
14. 3 + 4 = ___
15. ___ = 3 + 5
16. 6 + 3 = ___
17. 7 + 3 = ___
18. ___ = 7 + 2
19. 2 + 7 = ___
20. 2 + 8 = ___
21. 5 + 3 = ___
22. ___ = 5 + 4
23. 6 + 4 = ___
24. 4 + 6 = ___
25. ___ = 4 + 4
26. 3 + 4 = ___
27. 5 + 5 = ___
28. ___ = 4 + 5
29. 3 + 7 = ___
30. ___ = 3 + 6

今天，我完成了 _____ 个问题。

我正确解决了 _____ 个问题。

第23课： 将两位数解释为几十和几个，包括大于9的数。

我缺少的加数练习

1. 6 + ___ = 6	11. 3 + ___ = 6	21. 4 + ___ = 7
2. 0 + ___ = 6	12. 4 + ___ = 8	22. 7 = 3 + ___
3. 5 + ___ = 6	13. 10 = 5 + ___	23. 2 + ___ = 7
4. 4 + ___ = 6	14. 5 + ___ = 9	24. 2 + ___ = 8
5. 0 + ___ = 7	15. 5 + ___ = 7	25. 9 = 2 + ___
6. 6 + ___ = 7	16. 8 = 5 + ___	26. 2 + ___ = 10
7. 1 + ___ = 7	17. 5 + ___ = 9	27. 10 = 3 + ___
8. 7 + ___ = 8	18. 8 + ___ = 10	28. 3 + ___ = 9
9. 1 + ___ = 8	19. 7 + ___ = 10	29. 4 + ___ = 9
10. 6 + ___ = 8	20. 10 = 6 + ___	30. 10 = 4 + ___

今天，我完成了_____个问题。

我正确解决了_____个问题。

第23课： 将两位数解释为几十和几个，包括大于9的数。

姓名 _____ 日期 _____

我相关的加减法练习

1. 5 + ___ = 6	11. 7 + ___ = 10	21. 4 + ___ = 8
2. 1 + ___ = 6	12. 10 - 7 = ___	22. 8 - 4 = ___
3. 6 - 1 = ___	13. 5 + ___ = 7	23. 4 + ___ = 7
4. 9 + ___ = 10	14. 7 - 5 = ___	24. 7 - 4 = ___
5. 1 + ___ = 10	15. 5 + ___ = 8	25. 5 + ___ = 9
6. 10 - 9 = ___	16. 8 - 5 = ___	26. 9 - 5 = ___
7. 5 + ___ = 10	17. 4 + ___ = 6	27. 6 + ___ = 9
8. 10 - 5 = ___	18. 6 - 4 = ___	28. 9 - 6 = ___
9. 8 + ___ = 10	19. 3 + ___ = 6	29. 4 + ___ = 7
10. 10 - 8 = ___	20. 6 - 3 = ___	30. 7 - 4 = ___

今天，我完成了_____个问题。

我正确解决了_____个问题。

第23课： 将两位数解释为几十和几个，包括大于9的数。

姓名 _____   日期 _____

我的减法练习

1. 6 - 0 = ___	11. 6 - 3 = ___	21. 8 - 4 = ___
2. 6 - 1 = ___	12. 7 - 3 = ___	22. 8 - 3 = ___
3. 7 - 1 = ___	13. 9 - 3 = ___	23. 8 - 5 = ___
4. 8 - 1 = ___	14. 10 - 8 = ___	24. 9 - 5 = ___
5. 6 - 2 = ___	15. 10 - 6 = ___	25. 9 - 4 = ___
6. 7 - 2 = ___	16. 10 - 4 = ___	26. 7 - 3 = ___
7. 9 - 2 = ___	17. 10 - 5 = ___	27. 10 - 7 = ___
8. 10 - 10 = ___	18. 7 - 6 = ___	28. 9 - 7 = ___
9. 10 - 9 = ___	19. 7 - 5 = ___	29. 9 - 6 = ___
10. 10 - 7 = ___	20. 6 - 4 = ___	30. 8 - 6 = ___

今天,我完成了_____个问题。

我正确解决了_____个问题。

第23课: 将两位数解释为几十和几个,包括大于9的数。

单位的故事　　　　　　　　　　　　　　　　第23课核心掌握度练习集E　1•4

姓名 _____　　　日期 _____

我的混合练习

1. $4 + 2 = \_\_\_$	11. $2 + \_\_\_ = 6$	21. $8 - 5 = \_\_\_$
2. $2 + \_\_\_ = 6$	12. $6 - 2 = \_\_\_$	22. $3 + \_\_\_ = 8$
3. $6 = 3 + \_\_\_$	13. $6 - 4 = \_\_\_$	23. $8 = \_\_\_ + 5$
4. $2 + 5 = \_\_\_$	14. $5 + \_\_\_ = 7$	24. $\_\_\_ + 2 = 9$
5. $7 = 5 + \_\_\_$	15. $7 - 5 = \_\_\_$	25. $9 = \_\_\_ + 7$
6. $4 + 3 = \_\_\_$	16. $7 - 4 = \_\_\_$	26. $9 - 2 = \_\_\_$
7. $7 = \_\_\_ + 4$	17. $7 - 3 = \_\_\_$	27. $9 - 7 = \_\_\_$
8. $8 = \_\_\_ + 4$	18. $8 = 6 + \_\_\_$	28. $9 - 6 = \_\_\_$
9. $4 + 5 = \_\_\_$	19. $8 - 2 = \_\_\_$	29. $9 = \_\_\_ + 4$
10. $9 = \_\_\_ + 4$	20. $8 - 6 = \_\_\_$	30. $9 - 6 = \_\_\_$

今天，我完成了 _____ 个问题。

我正确解决了 _____ 个问题。

第23课：　　将两位数解释为几十和几个，包括大于9的数。

A

单位的故事 — 第25课冲刺核心掌握度

姓名 _____ 日期 _____

答对数目：

*写出缺失的数字。

1.	5 + □ = 10		16.	9 + □ = 10	
2.	9 + □ = 10		17.	19 + □ = 20	
3.	10 + □ = 10		18.	5 + □ = 10	
4.	0 + □ = 10		19.	15 + □ = 20	
5.	8 + □ = 10		20.	1 + □ = 10	
6.	7 + □ = 10		21.	11 + □ = 20	
7.	6 + □ = 10		22.	3 + □ = 10	
8.	4 + □ = 10		23.	13 + □ = 20	
9.	3 + □ = 10		24.	4 + □ = 10	
10.	□ + 7 = 10		25.	14 + □ = 20	
11.	2 + □ = 10		26.	16 + □ = 20	
12.	□ + 8 = 10		27.	2 + □ = 10	
13.	1 + □ = 10		28.	12 + □ = 20	
14.	□ + 2 = 10		29.	18 + □ = 20	
15.	□ + 3 = 10		30.	11 + □ = 20	

第25课：当一位数的总和小于等于10时，添加一对两位数。

B

答对数目:

姓名 _____ 日期 _____

*写出缺失的数字。

1.	10 + ☐ = 10		16.	5 + ☐ = 10	
2.	0 + ☐ = 10		17.	15 + ☐ = 20	
3.	9 + ☐ = 10		18.	9 + ☐ = 10	
4.	5 + ☐ = 10		19.	19 + ☐ = 20	
5.	6 + ☐ = 10		20.	8 + ☐ = 10	
6.	7 + ☐ = 10		21.	18 + ☐ = 20	
7.	8 + ☐ = 10		22.	2 + ☐ = 10	
8.	2 + ☐ = 10		23.	12 + ☐ = 20	
9.	3 + ☐ = 10		24.	3 + ☐ = 10	
10.	☐ + 7 = 10		25.	13 + ☐ = 20	
11.	2 + ☐ = 10		26.	17 + ☐ = 20	
12.	☐ + 8 = 10		27.	4 + ☐ = 10	
13.	1 + ☐ = 10		28.	16 + ☐ = 20	
14.	☐ + 9 = 10		29.	18 + ☐ = 20	
15.	☐ + 2 = 10		30.	12 + ☐ = 40	

第25课: 当一位数的总和小于等于10时,添加一对两位数。

| 单位的故事 | 第27课掌握度模板　1●4 |

姓名 _____　　日期 _____

 **力争上游！**

2	3	4	5	6	7	8	9	10	11	12

争夺冠军

第27课： 当一位数的总和大于10时，添加一对两位数大于10

单位的故事　　　　　　　　　　　　　　　　　　第29课掌握度模板　1•4

姓名 _____　　日期 _____

 力争上游！

2	3	4	5	6	7	8	9	10	11	12

争夺冠军

第29课：　加上一对两位数，而构成它的两个数的总和不同。

1年级

模块5

| 单位的故事 | | 第一课核心加法冲刺练习1 | 1•5 |

正确的数字:

A

姓名 _____ 日期 _____

*写出未知数字。注意符号。

1.	4 + 1 = ____	16.	4 + 3 = ____
2.	4 + 2 = ____	17.	____ + 4 = 7
3.	4 + 3 = ____	18.	7 = ____ + 4
4.	6 + 1 = ____	19.	5 + 4 = ____
5.	6 + 2 = ____	20.	____ + 5 = 9
6.	6 + 3 = ____	21.	9 = ____ + 4
7.	1 + 5 = ____	22.	2 + 7 = ____
8.	2 + 5 = ____	23.	____ + 2 = 9
9.	3 + 5 = ____	24.	9 = ____ + 7
10.	5 + ____ = 8	25.	3 + 6 = ____
11.	8 = 3 + ____	26.	____ + 3 = 9
12.	7 + 2 = ____	27.	9 = ____ + 6
13.	7 + 3 = ____	28.	4 + 4 = ____ + 2
14.	7 + ____ = 10	29.	5 + 4 = ____ + 3
15.	____ + 7 = 10	30.	____ + 7 = 3 + 6

第一课: 根据使用示例、变量和非示例而定义的属性来对形状进行分类。

第一课核心加法冲刺练习1

B

姓名 _____   日期 _____

*写出未知数字。注意符号。

1.	5 + 1 = ____	16.	2 + 4 = ____
2.	5 + 2 = ____	17.	____ + 4 = 6
3.	5 + 3 = ____	18.	6 = ____ + 4
4.	4 + 1 = ____	19.	3 + 4 = ____
5.	4 + 2 = ____	20.	____ + 3 = 7
6.	4 + 3 = ____	21.	7 = ____ + 4
7.	1 + 3 = ____	22.	4 + 5 = ____
8.	2 + 3 = ____	23.	____ + 4 = 9
9.	3 + 3 = ____	24.	9 = ____ + 5
10.	3 + ____ = 6	25.	2 + 6 = ____
11.	____ + 3 = 6	26.	____ + 6 = 9
12.	5 + 2 = ____	27.	9 = ____ + 2
13.	5 + 3 = ____	28.	3 + 3 = ____ + 4
14.	5 + ____ = 8	29.	3 + 4 = ____ + 5
15.	____ + 3 = 8	30.	____ + 6 = 2 + 7

第一课：根据使用示例、变量和非示例而定义的属性来对形状进行分类。

单位的故事　　　　　　　　　　　　　　　　　第一课核心加法冲刺练习2

A

正确的数字：

姓名 _____　　　日期 _____

*写出未知数字。注意等号。

1.	5 + 2 = ____	16.	____ = 5 + 4
2.	6 + 2 = ____	17.	____ = 4 + 5
3.	7 + 2 = ____	18.	6 + 3 = ____
4.	4 + 3 = ____	19.	3 + 6 = ____
5.	5 + 3 = ____	20.	____ = 2 + 6
6.	6 + 3 = ____	21.	2 + 7 = ____
7.	____ = 6 + 2	22.	____ = 3 + 4
8.	____ = 2 + 6	23.	3 + 6 = ____
9.	____ = 7 + 2	24.	____ = 4 + 5
10.	____ = 2 + 7	25.	3 + 4 = ____
11.	____ = 4 + 3	26.	13 + 4 = ____
12.	____ = 3 + 4	27.	3 + 14 = ____
13.	____ = 5 + 3	28.	3 + 6 = ____
14.	____ = 3 + 5	29.	13 + ____ = 19
15.	____ = 3 + 4	30.	19 = ____ + 16

第一课：　根据使用示例、变量和非示例而定义的属性来对形状进行分类。

单位的故事　　　　　　　　　　　　　　　　　　　　　第一课核心加法冲刺练习2

B

正确的数字：

姓名 _____　　　日期 _____

*写出未知数字。注意等号。

1.	4 + 3 = ____	16.	____ = 6 + 3
2.	5 + 3 = ____	17.	____ = 3 + 6
3.	6 + 3 = ____	18.	5 + 4 = ____
4.	6 + 2 = ____	19.	4 + 5 = ____
5.	7 + 2 = ____	20.	____ = 2 + 7
6.	5 + 4 = ____	21.	2 + 6 = ____
7.	____ = 4 + 3	22.	____ = 3 + 4
8.	____ = 3 + 4	23.	4 + 5 = ____
9.	____ = 5 + 3	24.	____ = 3 + 6
10.	____ = 3 + 5	25.	2 + 7 = ____
11.	____ = 6 + 2	26.	12 + 7 = ____
12.	____ = 2 + 6	27.	2 + 17 = ____
13.	____ = 7 + 2	28.	4 + 5 = ____
14.	____ = 2 + 7	29.	14 + ____ = 19
15.	____ = 7 + 2	30.	19 = ____ + 15

第一课：　根据使用示例、变量和非示例而定义的属性来对形状进行分类。

Copyright © Great Minds PBC

A

单位的故事 — 第一课核心减法冲刺练习

正确的数字：

姓名 _____ 日期 _____

*写出未知数字。注意符号。

1.	6 - 1 = _____	16.	8 - 2 = _____
2.	6 - 2 = _____	17.	8 - 6 = _____
3.	6 - 3 = _____	18.	7 - 3 = _____
4.	10 - 1 = _____	19.	7 - 4 = _____
5.	10 - 2 = _____	20.	8 - 4 = _____
6.	10 - 3 = _____	21.	9 - 4 = _____
7.	7 - 2 = _____	22.	9 - 5 = _____
8.	8 - 2 = _____	23.	9 - 6 = _____
9.	9 - 2 = _____	24.	9 - _____ = 6
10.	7 - 3 = _____	25.	9 - _____ = 2
11.	8 - 3 = _____	26.	2 = 8 - _____
12.	10 - 3 = _____	27.	2 = 9 - _____
13.	10 - 4 = _____	28.	10 - 7 = 9 - _____
14.	9 - 4 = _____	29.	9 - 5 = _____ - 3
15.	8 - 4 = _____	30.	_____ - 6 = 9 - 7

第一课：根据使用示例、变量和非示例而定义的属性来对形状进行分类。

B

姓名 _____ 日期 _____

*写出未知数字。注意符号。

1.	5 - 1 = ____	16.	6 - 2 = ____
2.	5 - 2 = ____	17.	6 - 4 = ____
3.	5 - 3 = ____	18.	8 - 3 = ____
4.	10 - 1 = ____	19.	8 - 5 = ____
5.	10 - 2 = ____	20.	8 - 6 = ____
6.	10 - 3 = ____	21.	9 - 3 = ____
7.	6 - 2 = ____	22.	9 - 6 = ____
8.	7 - 2 = ____	23.	9 - 7 = ____
9.	8 - 2 = ____	24.	9 - ____ = 5
10.	6 - 3 = ____	25.	9 - ____ = 4
11.	7 - 3 = ____	26.	4 = 8 - ____
12.	8 - 3 = ____	27.	4 = 9 - ____
13.	5 - 4 = ____	28.	10 - 8 = 9 - ____
14.	6 - 4 = ____	29.	8 - 6 = ____ - 7
15.	7 - 4 = ____	30.	____ - 4 = 9 - 6

第一课: 根据使用示例、变量和非示例而定义的属性来对形状进行分类。

A

正确的数字：

姓名 _____ 日期 _____

*写出未知数字。注意符号。

1.	2 + 3 =	16.	3 + 3 =
2.	3 + ____ = 5	17.	6 - 3 =
3.	5 - 3 =	18.	6 = ____ + 3
4.	5 - 2 =	19.	2 + 5 =
5.	____ + 2 = 5	20.	5 + ____ = 7
6.	1 + 5 =	21.	7 - 2 =
7.	1 + ____ = 6	22.	7 - 5 =
8.	6 - 1 =	23.	7 = ____ + 5
9.	6 - 5 =	24.	3 + 4 =
10.	____ + 5 = 6	25.	4 + ____ = 7
11.	4 + 2 =	26.	7 - 4 =
12.	2 + ____ = 6	27.	7 = ____ + 3
13.	6 - 2 =	28.	3 = 7 - ____
14.	6 - 4 =	29.	7 - 5 = ____ - 4
15.	____ + 4 = 6	30.	____ - 3 = 7 - 4

第一课： 根据使用示例、变量和非示例而定义的属性来对形状进行分类。

B

单位的故事 核心熟练度冲刺练习：和为5、6和7

姓名 _____ 日期 _____

*写出未知数字。注意符号。

1.	1 + 4 =	16.	3 + 3 =
2.	4 + ____ = 5	17.	6 - 3 =
3.	5 - 4 =	18.	6 = ____ + 3
4.	5 - 1 =	19.	2 + 4 =
5.	___ + 1 = 5	20.	4 + ____ = 6
6.	5 + 2 =	21.	6 - 2 =
7.	5 + ____ = 7	22.	6 - 4 =
8.	7 - 2 =	23.	6 = ____ + 4
9.	7 - 5 = ____	24.	3 + 4 =
10.	___ + 2 = 7	25.	4 + ____ = 7
11.	1 + 5 =	26.	7 - 4 =
12.	1 + ____ = 6	27.	7 = ____ + 4
13.	6 - 1 =	28.	4 = 7 - ____
14.	6 - 5 =	29.	6 - 4 = ____ - 5
15.	___ + 5 = 6	30.	___ - 2 = 7 - 3

第一课：根据使用示例、变量和非示例而定义的属性来对形状进行分类。

A

单位的故事   核心熟练度冲刺练习：和为8、9、10   **1•5**

正确的数字：

姓名 _____ 日期 _____

*写出未知数字。注意符号。

1.	5 + 5 =	16.	2 + 6 =
2.	5 + ____ = 10	17.	8 = 6 +
3.	10 − 5 =	18.	8 − 2 =
4.	9 + 1 =	19.	2 + 7 =
5.	1 + ____ = 10	20.	9 = 7 +
6.	10 − 1 =	21.	9 − 7 =
7.	10 − 9 =	22.	8 = ____ + 2
8.	+ 9 = 10	23.	8 − 6 =
9.	1 + 8 =	24.	3 + 6 =
10.	8 + ____ = 9	25.	9 = 6 +
11.	9 − 1 =	26.	9 − 6 =
12.	9 − 8 =	27.	9 = ____ + 3
13.	+ 1 = 9	28.	3 = 9 −
14.	4 + 4 =	29.	9 − 5 = ____ − 6
15.	8 − 4 =	30.	− 7 = 8 − 6

第一课：　　根据使用示例、变量和非示例而定义的属性来对形状进行分类。

B

姓名 _____ **日期** _____

*写出未知数字。注意符号。

1.	9 + 1 =	16.	3 + 5 =
2.	1 + ____ = 10	17.	8 = 5 +
3.	10 − 1 =	18.	8 − 3 =
4.	10 − 9 =	19.	2 + 6 =
5.	____ + 9 = 10	20.	8 = 6 +
6.	1 + 7 =	21.	8 − 6 =
7.	7 + ____ = 8	22.	2 + 7 =
8.	8 − 1 =	23.	9 = ____ + 2
9.	8 − 7 =	24.	9 − 7 =
10.	____ + 1 = 8	25.	4 + 5 =
11.	2 + 8 =	26.	9 = 5 +
12.	2 + ____ = 10	27.	9 − 5 =
13.	10 − 2 =	28.	5 = 9 −
14.	10 − 8 =	29.	9 − 6 = ____ − 5
15.	____ + 8 = 10	30.	____ − 6 = 9 − 7

姓名 _____   日期 _____

我的加法练习

1. 6 + 0 = ___
2. 0 + 6 = ___
3. 5 + 1 = ___
4. 1 + 5 = ___
5. 6 + 1 = ___
6. 1 + 6 = ___
7. 6 + 2 = ___
8. 5 + 2 = ___
9. 2 + 5 = ___
10. 2 + 4 = ___
11. 7 + 1 = ___
12. ___ = 1 + 7
13. 3 + 3 = ___
14. 3 + 4 = ___
15. ___ = 3 + 5
16. 6 + 3 = ___
17. 7 + 3 = ___
18. ___ = 7 + 2
19. 2 + 7 = ___
20. 2 + 8 = ___
21. 5 + 3 = ___
22. ___ = 5 + 4
23. 6 + 4 = ___
24. 4 + 6 = ___
25. ___ = 4 + 4
26. 3 + 4 = ___
27. 5 + 5 = ___
28. ___ = 4 + 5
29. 3 + 7 = ___
30. ___ = 3 + 6

今天,我完成了 _____ 题。

单位的故事　　　　　　　　　　　　　　　　　　　　第三课核心熟练度练习B

姓名 _____　　　日期 _____

我缺少的加数练习

1. 6 + ___ = 6
2. 0 + ___ = 6
3. 5 + ___ = 6
4. 4 + ___ = 6
5. 0 + ___ = 7
6. 6 + ___ = 7
7. 1 + ___ = 7
8. 7 + ___ = 8
9. 1 + ___ = 8
10. 6 + ___ = 8
11. 3 + ___ = 6
12. 4 + ___ = 8
13. 10 = 5 + ___
14. 5 + ___ = 9
15. 5 + ___ = 7
16. 8 = 5 + ___
17. 5 + ___ = 9
18. 8 + ___ = 10
19. 7 + ___ = 10
20. 10 = 6 + ___
21. 4 + ___ = 7
22. 7 = 3 + ___
23. 2 + ___ = 7
24. 2 + ___ = 8
25. 9 = 2 + ___
26. 2 + ___ = 10
27. 10 = 3 + ___
28. 3 + ___ = 9
29. 4 + ___ = 9
30. 10 = 4 + ___

今天，我完成了 _____ 题。

我正确解决了 _____ 题。

第三课：　　查找并命名三维形状，包括圆锥和长方柱，根据定义面和点的属性。

单位的故事　　　　　　　　　　　　　　　　　　　　　第三课核心熟练度练习集C　　1•5

姓名 _____　　日期 _____

我相关的加减法练习

1. 5 + ___ = 6
2. 1 + ___ = 6
3. 6 - 1 = ___
4. 9 + ___ = 10
5. 1 + ___ = 10
6. 10 - 9 = ___
7. 5 + ___ = 10
8. 10 - 5 = ___
9. 8 + ___ = 10
10. 10 - 8 = ___
11. 7 + ___ = 10
12. 10 - 7 = ___
13. 5 + ___ = 7
14. 7 - 5 = ___
15. 5 + ___ = 8
16. 8 - 5 = ___
17. 4 + ___ = 6
18. 6 - 4 = ___
19. 3 + ___ = 6
20. 6 - 3 = ___
21. 4 + ___ = 8
22. 8 - 4 = ___
23. 4 + ___ = 7
24. 7 - 4 = ___
25. 5 + ___ = 9
26. 9 - 5 = ___
27. 6 + ___ = 9
28. 9 - 6 = ___
29. 4 + ___ = 7
30. 7 - 4 = ___

今天,我完成了 _____ 题。

我正确解决了 _____ 题。

第三课：　　查找并命名三维形状,包括圆锥和长方柱,根据定义面和点的属性。

姓名 _____ 日期 _____

我的减法练习

1. 6 - 0 = ___
2. 6 - 1 = ___
3. 7 - 1 = ___
4. 8 - 1 = ___
5. 6 - 2 = ___
6. 7 - 2 = ___
7. 9 - 2 = ___
8. 10 - 10 = ___
9. 10 - 9 = ___
10. 10 - 7 = ___

11. 6 - 3 = ___
12. 7 - 3 = ___
13. 9 - 3 = ___
14. 10 - 8 = ___
15. 10 - 6 = ___
16. 10 - 4 = ___
17. 10 - 5 = ___
18. 7 - 6 = ___
19. 7 - 5 = ___
20. 6 - 4 = ___

21. 8 - 4 = ___
22. 8 - 3 = ___
23. 8 - 5 = ___
24. 9 - 5 = ___
25. 9 - 4 = ___
26. 7 - 3 = ___
27. 10 - 7 = ___
28. 9 - 7 = ___
29. 9 - 6 = ___
30. 8 - 6 = ___

今天,我完成了 _____题。

我正确解决了 _____题。

单位的故事 第三课核心熟练度练习集E

姓名 _____ 日期 _____

我的混合练习

1. 4 + 2 = ___
2. 2 + ___ = 6
3. 6 = 3 + ___
4. 2 + 5 = ___
5. 7 = 5 + ___
6. 4 + 3 = ___
7. 7 = ___ + 4
8. 8 = ___ + 4
9. 4 + 5 = ___
10. 9 = ___ + 4

11. 2 + ___ = 6
12. 6 - 2 = ___
13. 6 - 4 = ___
14. 5 + ___ = 7
15. 7 - 5 = ___
16. 7 - 4 = ___
17. 7 - 3 = ___
18. 8 = 6 + ___
19. 8 - 2 = ___
20. 8 - 6 = ___

21. 8 - 5 = ___
22. 3 + ___ = 8
23. 8 = ___ + 5
24. ___ + 2 = 9
25. 9 = ___ + 7
26. 9 - 2 = ___
27. 9 - 7 = ___
28. 9 - 6 = ___
29. 9 = ___ + 4
30. 9 - 6 = ___

今天，我完成了 _____题。

我正确解决了 _____题。

1年级
模块6

姓名 _____   日期 _____

我的加法练习

1. $6 + 0 = $ ____	11. $7 + 1 = $ ____	21. $5 + 3 = $ ____
2. $0 + 6 = $ ____	12. ____ $= 1 + 7$	22. ____ $= 5 + 4$
3. $5 + 1 = $ ____	13. $3 + 3 = $ ____	23. $6 + 4 = $ ____
4. $1 + 5 = $ ____	14. $3 + 4 = $ ____	24. $4 + 6 = $ ____
5. $6 + 1 = $ ____	15. ____ $= 3 + 5$	25. ____ $= 4 + 4$
6. $1 + 6 = $ ____	16. $6 + 3 = $ ____	26. $3 + 4 = $ ____
7. $6 + 2 = $ ____	17. $7 + 3 = $ ____	27. $5 + 5 = $ ____
8. $5 + 2 = $ ____	18. ____ $= 7 + 2$	28. ____ $= 4 + 5$
9. $2 + 5 = $ ____	19. $2 + 7 = $ ____	29. $3 + 7 = $ ____
10. $2 + 4 = $ ____	20. $2 + 8 = $ ____	30. ____ $= 3 + 6$

今天我完成了_____习题。

我正确解决了_____习题。

第一课： 解决比较差异未知习题类型。

单位的故事　　　　　　　　　　　　　　　　　　　　　第一课核心熟练度练习B

姓名 _____　　日期 _____

我缺少的加数练习

1. 6 + ____ = 6	11. 3 + ____ = 6	21. 4 + ____ = 7
2. 0 + ____ = 6	12. 4 + ____ = 8	22. 7 = 3 + ____
3. 5 + ____ = 6	13. 10 = 5 + ____	23. 2 + ____ = 7
4. 4 + ____ = 6	14. 5 + ____ = 9	24. 2 + ____ = 8
5. 0 + ____ = 7	15. 5 + ____ = 7	25. 9 = 2 + ____
6. 6 + ____ = 7	16. 8 = 5 + ____	26. 2 + ____ = 10
7. 1 + ____ = 7	17. 5 + ____ = 9	27. 10 = 3 + ____
8. 7 + ____ = 8	18. 8 + ____ = 10	28. 3 + ____ = 9
9. 1 + ____ = 8	19. 7 + ____ = 10	29. 4 + ____ = 9
10. 6 + ____ = 8	20. 10 = 6 + ____	30. 10 = 4 + ____

今天我完成了_____习题。

我正确解决了_____习题。

第一课：　　解决比较差异未知习题类型。

姓名 _____   日期 _____

我相关的加减法练习

1. 5 + ____ = 6	11. 7 + ____ = 10	21. 4 + ____ = 8
2. 1 + ____ = 6	12. 10 - 7 = ____	22. 8 - 4 = ____
3. 6 - 1 = ____	13. 5 + ____ = 7	23. 4 + ____ = 7
4. 9 + ____ = 10	14. 7 - 5 = ____	24. 7 - 4 = ____
5. 1 + ____ = 10	15. 5 + ____ = 8	25. 5 + ____ = 9
6. 10 - 9 = ____	16. 8 - 5 = ____	26. 9 - 5 = ____
7. 5 + ____ = 10	17. 4 + ____ = 6	27. 6 + ____ = 9
8. 10 - 5 = ____	18. 6 - 4 = ____	28. 9 - 6 = ____
9. 8 + ____ = 10	19. 3 + ____ = 6	29. 4 + ____ = 7
10. 10 - 8 = ____	20. 6 - 3 = ____	30. 7 - 4 = ____

今天我完成了_____习题。

我正确解决了_____习题。

第一课: 解决比较差异未知习题类型。

单位的故事　　　　　　　　　　　　　　　　　　　第一课核心熟练度练习集D　1•6

姓名 _____　　　　期 _____

我的减法练习

1. 6 - 0 = ____	11. 6 - 3 = ____	21. 8 - 4 = ____
2. 6 - 1 = ____	12. 7 - 3 = ____	22. 8 - 3 = ____
3. 7 - 1 = ____	13. 9 - 3 = ____	23. 8 - 5 = ____
4. 8 - 1 = ____	14. 10 - 8 = ____	24. 9 - 5 = ____
5. 6 - 2 = ____	15. 10 - 6 = ____	25. 9 - 4 = ____
6. 7 - 2 = ____	16. 10 - 4 = ____	26. 7 - 3 = ____
7. 9 - 2 = ____	17. 10 - 5 = ____	27. 10 - 7 = ____
8. 10 - 10 = ____	18. 7 - 6 = ____	28. 9 - 7 = ____
9. 10 - 9 = ____	19. 7 - 5 = ____	29. 9 - 6 = ____
10. 10 - 7 = ____	20. 6 - 4 = ____	30. 8 - 6 = ____

今天我完成了_____习题。

我正确解决了_____习题。

第一课：　解决比较差异未知习题类型。

单位的故事 　　　　　　　　　　　　　　　　　　　　第一课核心熟练度练习集E　1•6

姓名 _____　　　日期 _____

我的混合练习

1.　4 + 2 = ____	11.　2 + ____ = 6	21.　8 - 5 = ____
2.　2 + ____ = 6	12.　6 - 2 = ____	22.　3 + ____ = 8
3.　6 = 3 + ____	13.　6 - 4 = ____	23.　8 = ____ + 5
4.　2 + 5 = ____	14.　5 + ____ = 7	24.　____ + 2 = 9
5.　7 = 5 + ____	15.　7 - 5 = ____	25.　9 = ____ + 7
6.　4 + 3 = ____	16.　7 - 4 = ____	26.　9 - 2 = ____
7.　7 = ____ + 4	17.　7 - 3 = ____	27.　9 - 7 = ____
8.　8 = ____ + 4	18.　8 = 6 + ____	28.　9 - 6 = ____
9.　4 + 5 = ____	19.　8 - 2 = ____	29.　9 = ____ + 4
10.　9 = ____ + 4	20.　8 - 6 = ____	30.　9 - 6 = ____

今天我完成了 _____ 习题。

我正确解决了 _____ 习题。

第一课：　　解决比较差异未知习题类型。

单位的故事　　　　　　　　　　　　　　　　第三课核心加法冲刺练习1　1•6

A

正确的数字：

姓名 _____　　日期 _____

*写出未知数字 注意符号。

1.	4 + 1 = ____	16.	4 + 3 = ____
2.	4 + 2 = ____	17.	____ + 4 = 7
3.	4 + 3 = ____	18.	7 = ____ + 4
4.	6 + 1 = ____	19.	5 + 4 = ____
5.	6 + 2 = ____	20.	____ + 5 = 9
6.	6 + 3 = ____	21.	9 = ____ + 4
7.	1 + 5 = ____	22.	2 + 7 = ____
8.	2 + 5 = ____	23.	____ + 2 = 9
9.	3 + 5 = ____	24.	9 = ____ + 7
10.	5 + ____ = 8	25.	3 + 6 = ____
11.	8 = 3 + ____	26.	____ + 3 = 9
12.	7 + 2 = ____	27.	9 = ____ + 6
13.	7 + 3 = ____	28.	4 + 4 = ____ + 2
14.	7 + ____ = 10	29.	5 + 4 = ____ + 3
15.	____ + 7 = 10	30.	____ + 7 = 3 + 6

第三课：　　使用数位图记录和命名一个两位数，100以内。

B

单位的故事 第三课核心加法冲刺练习1 1•6

正确的数字:

姓名 _____ 日期 _____

*写出未知数字 注意符号。

1.	5 + 1 = _____	16.	2 + 4 = _____
2.	5 + 2 = _____	17.	_____ + 4 = 6
3.	5 + 3 = _____	18.	6 = _____ + 4
4.	4 + 1 = _____	19.	3 + 4 = _____
5.	4 + 2 = _____	20.	_____ + 3 = 7
6.	4 + 3 = _____	21.	7 = _____ + 4
7.	1 + 3 = _____	22.	4 + 5 = _____
8.	2 + 3 = _____	23.	_____ + 4 = 9
9.	3 + 3 = _____	24.	9 = _____ + 5
10.	3 + _____ = 6	25.	2 + 6 = _____
11.	_____ + 3 = 6	26.	_____ + 6 = 9
12.	5 + 2 = _____	27.	9 = _____ + 2
13.	5 + 3 = _____	28.	3 + 3 = _____ + 4
14.	5 + _____ = 8	29.	3 + 4 = _____ + 5
15.	_____ + 3 = 8	30.	_____ + 6 = 2 + 7

第三课: 使用数位图记录和命名一个两位数，100以内。

单位的故事　　　　　　　　　　　第三课核心加法冲刺练习2　　1•6

A

正确的数字：

姓名 _____　　日期 _____

*写出未知数字 注意等号。

1.	5 + 2 = ____	16.	____ = 5 + 4
2.	6 + 2 = ____	17.	____ = 4 + 5
3.	7 + 2 = ____	18.	6 + 3 = ____
4.	4 + 3 = ____	19.	3 + 6 = ____
5.	5 + 3 = ____	20.	____ = 2 + 6
6.	6 + 3 = ____	21.	2 + 7 = ____
7.	____ = 6 + 2	22.	____ = 3 + 4
8.	____ = 2 + 6	23.	3 + 6 = ____
9.	____ = 7 + 2	24.	____ = 4 + 5
10.	____ = 2 + 7	25.	3 + 4 = ____
11.	____ = 4 + 3	26.	13 + 4 = ____
12.	____ = 3 + 4	27.	3 + 14 = ____
13.	____ = 5 + 3	28.	3 + 6 = ____
14.	____ = 3 + 5	29.	13 + ____ = 19
15.	____ = 3 + 4	30.	19 = ____ + 16

第三课：　使用数位图记录和命名一个两位数，100以内。

单位的故事 第三课核心加法冲刺练习2

B

姓名 _____ 日期 _____

正确的数字:

*写出未知数字 注意等号。

1.	4 + 3 = ____	16.	____ = 6 + 3
2.	5 + 3 = ____	17.	____ = 3 + 6
3.	6 + 3 = ____	18.	5 + 4 = ____
4.	6 + 2 = ____	19.	4 + 5 = ____
5.	7 + 2 = ____	20.	____ = 2 + 7
6.	5 + 4 = ____	21.	2 + 6 = ____
7.	____ = 4 + 3	22.	____ = 3 + 4
8.	____ = 3 + 4	23.	4 + 5 = ____
9.	____ = 5 + 3	24.	____ = 3 + 6
10.	____ = 3 + 5	25.	2 + 7 = ____
11.	____ = 6 + 2	26.	12 + 7 = ____
12.	____ = 2 + 6	27.	2 + 17 = ____
13.	____ = 7 + 2	28.	4 + 5 = ____
14.	____ = 2 + 7	29.	14 + ____ = 19
15.	____ = 7 + 2	30.	19 = ____ + 15

第三课: 使用数位图记录和命名一个两位数，100以内。

A

姓名 _____ **日期** _____

正确的数字:

*写出未知数字 注意符号。

1.	6 - 1 = ____	16.	8 - 2 = ____
2.	6 - 2 = ____	17.	8 - 6 = ____
3.	6 - 3 = ____	18.	7 - 3 = ____
4.	10 - 1 = ____	19.	7 - 4 = ____
5.	10 - 2 = ____	20.	8 - 4 = ____
6.	10 - 3 = ____	21.	9 - 4 = ____
7.	7 - 2 = ____	22.	9 - 5 = ____
8.	8 - 2 = ____	23.	9 - 6 = ____
9.	9 - 2 = ____	24.	9 - ____ = 6
10.	7 - 3 = ____	25.	9 - ____ = 2
11.	8 - 3 = ____	26.	2 = 8 - ____
12.	10 - 3 = ____	27.	2 = 9 - ____
13.	10 - 4 = ____	28.	10 - 7 = 9 - ____
14.	9 - 4 = ____	29.	9 - 5 = ____ - 3
15.	8 - 4 = ____	30.	____ - 6 = 9 - 7

第三课: 使用数位图记录和命名一个两位数，100以内。

B

单位的故事 第三课核心减法冲刺练习 1•6

正确的数字:

姓名 _____ 日期 _____

*写出未知数字 注意符号。

1.	5 - 1 = ____	16.	6 - 2 = ____
2.	5 - 2 = ____	17.	6 - 4 = ____
3.	5 - 3 = ____	18.	8 - 3 = ____
4.	10 - 1 = ____	19.	8 - 5 = ____
5.	10 - 2 = ____	20.	8 - 6 = ____
6.	10 - 3 = ____	21.	9 - 3 = ____
7.	6 - 2 = ____	22.	9 - 6 = ____
8.	7 - 2 = ____	23.	9 - 7 = ____
9.	8 - 2 = ____	24.	9 - ____ = 5
10.	6 - 3 = ____	25.	9 - ____ = 4
11.	7 - 3 = ____	26.	4 = 8 - ____
12.	8 - 3 = ____	27.	4 = 9 - ____
13.	5 - 4 = ____	28.	10 - 8 = 9 - ____
14.	6 - 4 = ____	29.	8 - 6 = ____ - 7
15.	7 - 4 = ____	30.	____ - 4 = 9 - 6

第三课: 使用数位图记录和命名一个两位数, 100以内。

单位的故事

核心熟练度冲刺练习：和为5、6、7

A

正确的数字：

姓名 _____ 日期 _____

*写出未知数字 注意符号。

1.	2 + 3 = ____	16.	3 + 3 = ____
2.	3 + ____ = 5	17.	6 - 3 = ____
3.	5 - 3 = ____	18.	6 = ____ + 3
4.	5 - 2 = ____	19.	2 + 5 = ____
5.	____ + 2 = 5	20.	5 + ____ = 7
6.	1 + 5 = ____	21.	7 - 2 = ____
7.	1 + ____ = 6	22.	7 - 5 = ____
8.	6 - 1 = ____	23.	7 = ____ + 5
9.	6 - 5 = ____	24.	3 + 4 = ____
10.	____ + 5 = 6	25.	4 + ____ = 7
11.	4 + 2 = ____	26.	7 - 4 = ____
12.	2 + ____ = 6	27.	7 = ____ + 3
13.	6 - 2 = ____	28.	3 = 7 - ____
14.	6 - 4 = ____	29.	7 - 5 = ____ - 4
15.	____ + 4 = 6	30.	____ - 3 = 7 - 4

第三课： 使用数位图记录和命名一个两位数，100以内。

B

单位的故事 | 核心熟练度冲刺练习：和为5、6、7

正确的数字：

姓名 _____ 日期 _____

*写出未知数字 注意符号。

1.	1 + 4 = ____	16.	3 + 3 = ____
2.	4 + ____ = 5	17.	6 - 3 = ____
3.	5 - 4 = ____	18.	6 = ____ + 3
4.	5 - 1 = ____	19.	2 + 4 = ____
5.	____ + 1 = 5	20.	4 + ____ = 6
6.	7 + 2 = ____	21.	6 - 2 = ____
7.	5 + ____ = 7	22.	6 - 4 = ____
8.	7 - 2 = ____	23.	6 = ____ + 4
9.	7 - 5 = ____	24.	3 + 4 = ____
10.	____ + 2 = 7	25.	4 + ____ = 7
11.	1 + 5 = ____	26.	7 - 4 = ____
12.	1 + ____ = 6	27.	7 = ____ + 4
13.	6 - 1 = ____	28.	4 = 7 - ____
14.	6 - 5 = ____	29.	6 - 4 = ____ - 5
15.	____ + 5 = 6	30.	____ - 4 = 7 - 3

第三课： 使用数位图记录和命名一个两位数，100以内。

A

单位的故事 — 核心熟练度冲刺练习：和为8、9、10

正确的数字：

姓名 _____ 日期 _____

*写出未知数字 注意符号。

1.	5 + 5 = ____	16.	2 + 6 = ____
2.	5 + ____ = 10	17.	8 = 6 + ____
3.	10 - 5 = ____	18.	8 - 2 = ____
4.	9 + 1 = ____	19.	2 + 7 = ____
5.	1 + ____ = 10	20.	9 = 7 + ____
6.	10 - 1 = ____	21.	9 - 7 = ____
7.	10 - 9 = ____	22.	8 = ____ + 2
8.	____ + 9 = 10	23.	8 - 6 = ____
9.	1 + 8 = ____	24.	3 + 6 = ____
10.	8 + ____ = 9	25.	9 = 6 + ____
11.	9 - 1 = ____	26.	9 - 6 = ____
12.	9 - 8 = ____	27.	9 = ____ + 3
13.	____ + 1 = 9	28.	3 = 9 - ____
14.	4 + 4 = ____	29.	9 - 5 = ____ - 6
15.	8 - 4 = ____	30.	____ - 7 = 8 - 6

第三课：使用数位图记录和命名一个两位数，100以内。

B

核心熟练度冲刺练习：和为 8、9、10

正确的数字：

姓名 _____ 日期 _____

*写出未知数字 注意符号。

1.	9 + 1 = _____	16.	3 + 5 = _____
2.	1 + _____ = 10	17.	8 = 5 + _____
3.	10 − 1 = _____	18.	8 − 3 = _____
4.	10 − 9 = _____	19.	2 + 6 = _____
5.	_____ + 9 = 10	20.	8 = 6 + _____
6.	1 + 7 = _____	21.	8 − 6 = _____
7.	7 + _____ = 8	22.	2 + 7 = _____
8.	8 − 1 = _____	23.	9 = _____ + 2
9.	8 − 7 = _____	24.	9 − 7 = _____
10.	_____ + 1 = 8	25.	4 + 5 = _____
11.	2 + 8 = _____	26.	9 = 5 + _____
12.	2 + _____ = 10	27.	9 − 5 = _____
13.	10 − 2 = _____	28.	5 = 9 − _____
14.	10 − 8 = _____	29.	9 − 6 = _____ − 5
15.	_____ + 8 = 10	30.	_____ − 6 = 9 − 7

单位的故事

第三课： 使用数位图记录和命名一个两位数，100以内。

单位的故事　　　　　　　　　　　　　　　　　第九课冲刺练习　1•6

A

正确的数字：

姓名 _____　　日期 _____

*写出缺失的数字。注意加减号。

1.	5 + 1 = ☐		16.	29 + 10 = ☐	
2.	15 + 1 = ☐		17.	9 + 1 = ☐	
3.	25 + 1 = ☐		18.	19 + 1 = ☐	
4.	5 + 10 = ☐		19.	29 + 1 = ☐	
5.	15 + 10 = ☐		20.	39 + 1 = ☐	
6.	25 + 10 = ☐		21.	40 − 1 = ☐	
7.	8 − 1 = ☐		22.	30 − 1 = ☐	
8.	18 − 1 = ☐		23.	20 − 1 = ☐	
9.	28 − 1 = ☐		24.	20 + ☐ = 21	
10.	38 − 1 = ☐		25.	20 + ☐ = 30	
11.	38 − 10 = ☐		26.	27 + ☐ = 37	
12.	28 − 10 = ☐		27.	27 + ☐ = 28	
13.	18 − 10 = ☐		28.	☐ + 10 = 34	
14.	9 + 10 = ☐		29.	☐ − 10 = 14	
15.	19 + 10 = ☐		30.	☐ − 10 = 24	

第九课：　用一个数字代表最多120个物体。

单位的故事 | 第九课冲刺练习 | 1•6

B

正确的数字:

姓名 _____ 日期 _____

*写出缺失的数字。注意加减号。

1.	4 + 1 = ☐		16.	28 + 10 = ☐	
2.	14 + 1 = ☐		17.	9 + 1 = ☐	
3.	24 + 1 = ☐		18.	19 + 1 = ☐	
4.	6 + 10 = ☐		19.	29 + 1 = ☐	
5.	16 + 10 = ☐		20.	39 + 1 = ☐	
6.	26 + 10 = ☐		21.	40 - 1 = ☐	
7.	7 - 1 = ☐		22.	30 - 1 = ☐	
8.	17 - 1 = ☐		23.	20 - 1 = ☐	
9.	27 - 1 = ☐		24.	10 + ☐ = 11	
10.	37 - 1 = ☐		25.	10 + ☐ = 20	
11.	37 - 10 = ☐		26.	22 + ☐ = 32	
12.	27 - 10 = ☐		27.	22 + ☐ = 23	
13.	17 - 10 = ☐		28.	☐ + 10 = 39	
14.	8 + 10 = ☐		29.	☐ - 10 = 19	
15.	18 + 10 = ☐		30.	☐ - 10 = 29	

第九课: 用一个数字代表最多120个物体。

单位的故事　　　　　　　　　　　　　　　　　　　　　第十课熟练度模板　1•6

姓名 _____　　日期 _____

　　力争上游！　　

2	3	4	5	6	7	8	9	10	11	12

_____
争夺冠军

　　第十课：　　从10的倍数到100中，减去10的倍数，包括角钱。

单位的故事 第十八课熟练度模板

名字 _____   名字 _____

伙伴_____   伙伴_____

例子   例子

步骤1:将4 - 1改写为1 + _____ = 4。   步骤1:将4 - 1改写为1 + _____ = 4。

步骤2:交换纸片并解决。   步骤2:交换纸片并解决。

列表A   ### 列表B

1. 10 - 9 _____   1. 10 - 8 _____

2. 10 - 8 _____   2. 10 - 7 _____

3. 9 - 8 _____   3. 8 - 7 _____

4. 9 - 6 _____   4. 8 - 6 _____

5. 8 - 6 _____   5. 9 - 6 _____

6. 7 - 4 _____   6. 7 - 6 _____

7. 7 - 5 _____   7. 7 - 5 _____

8. 8 - 5 _____   8. 7 - 4 _____

9. 9 - 5 _____   9. 8 - 5 _____

10. 9 - 6 _____   10. 6 - 4 _____

样式表列表A或B

第十八课: 加上一对两位数,构成它的两个数总和不同,然后比较不同记录方法的结果。

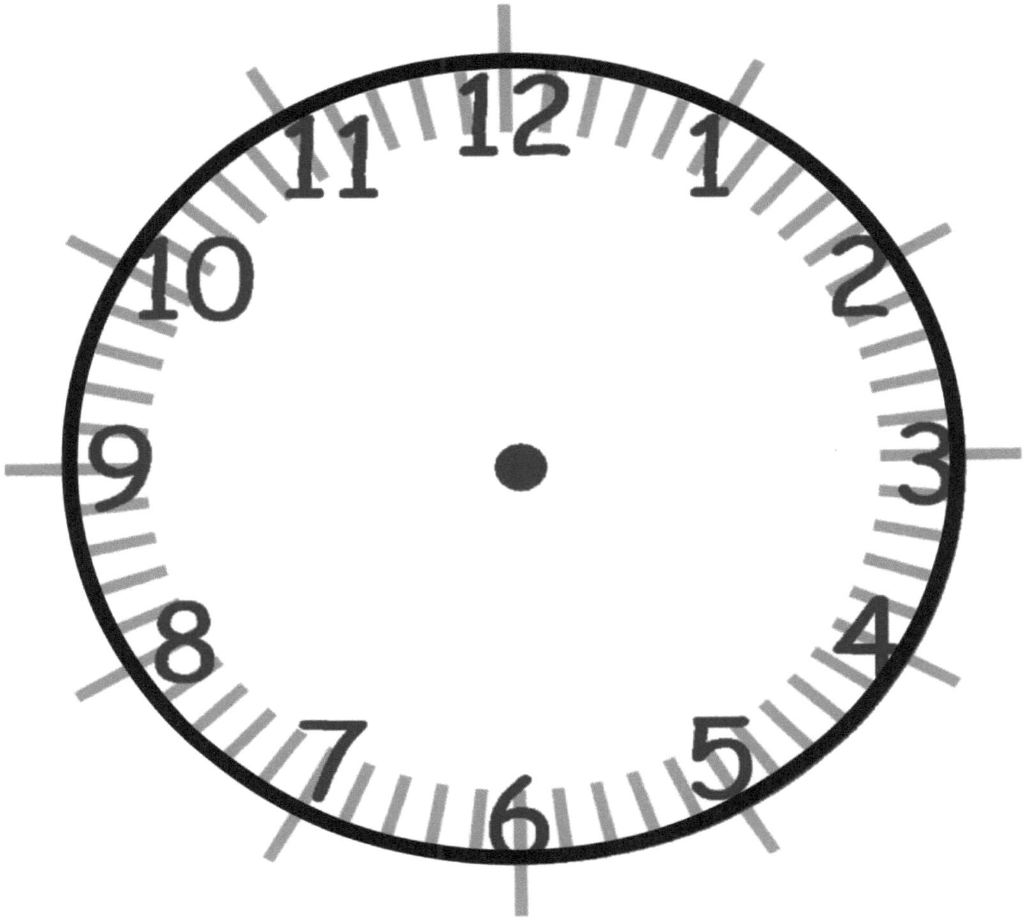

| 单位的故事 | 第二十六课熟练度模板 | 1•6 |

到了 ____.

已经 ____ 点半了。

时间记录表

第二十六课： 解决比较更大或更小的未知习题类型。

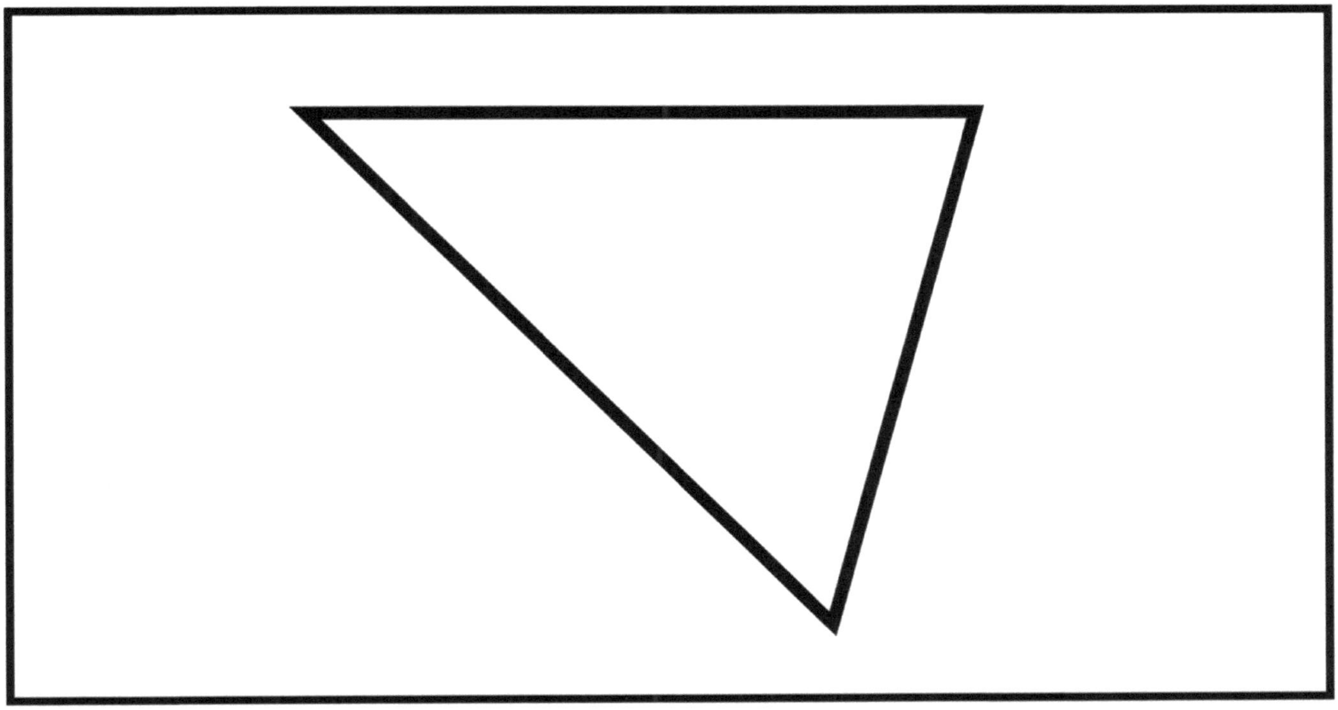

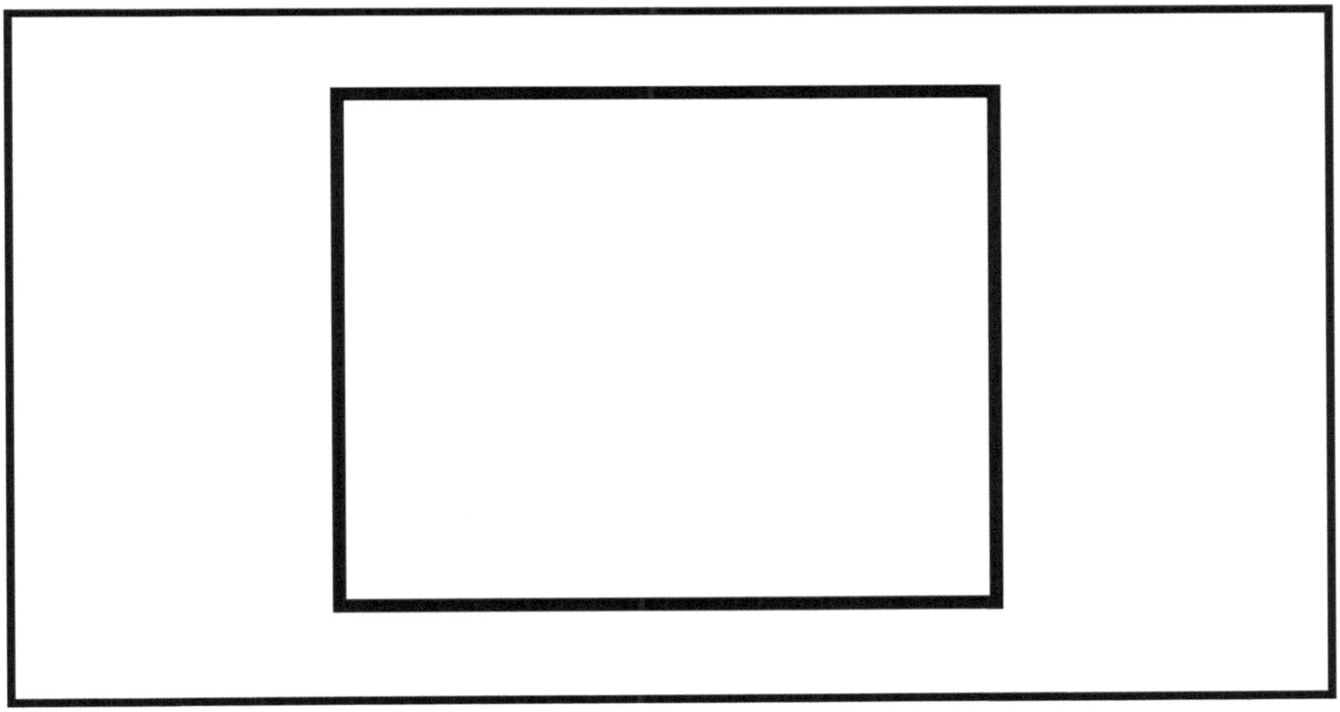

单位的故事 第二十七课熟练度模板1 1•6

二维形状学习卡

第二十七课: 分享和评论同伴的解决各种类型习题的策略。

单位的故事 第二十七课熟练度模板1

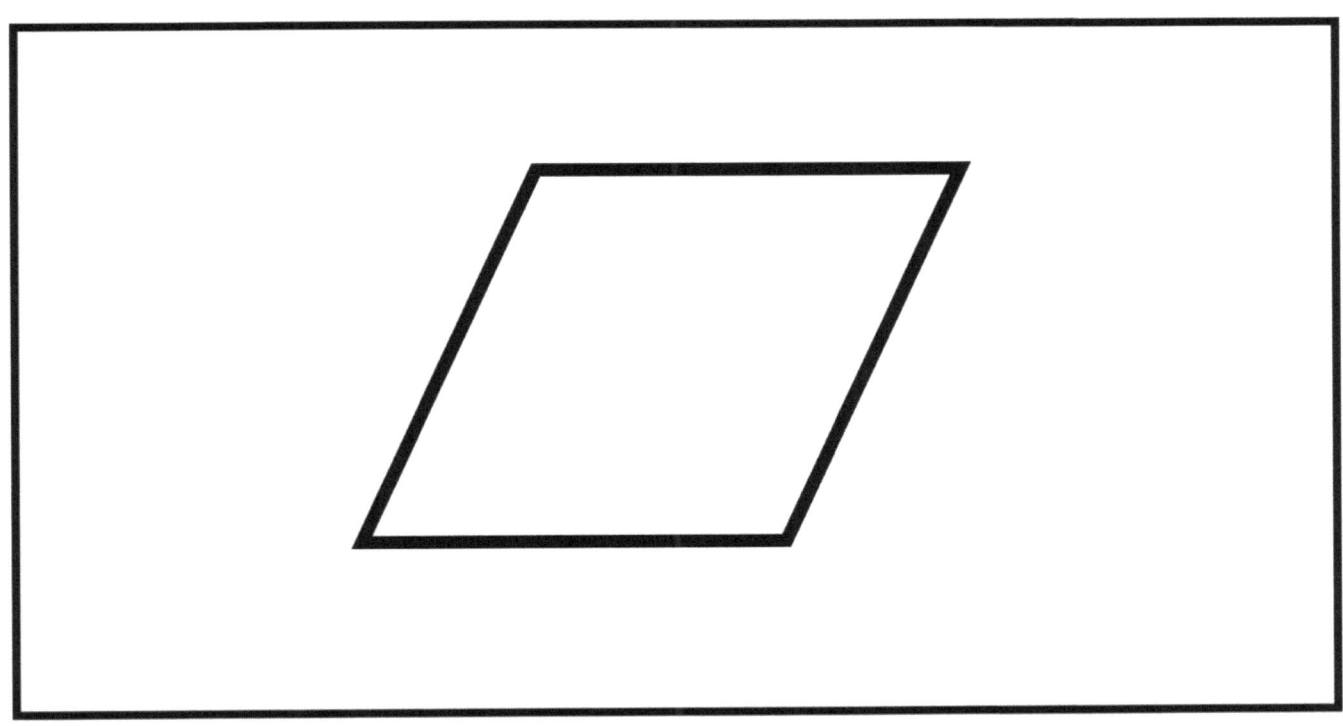

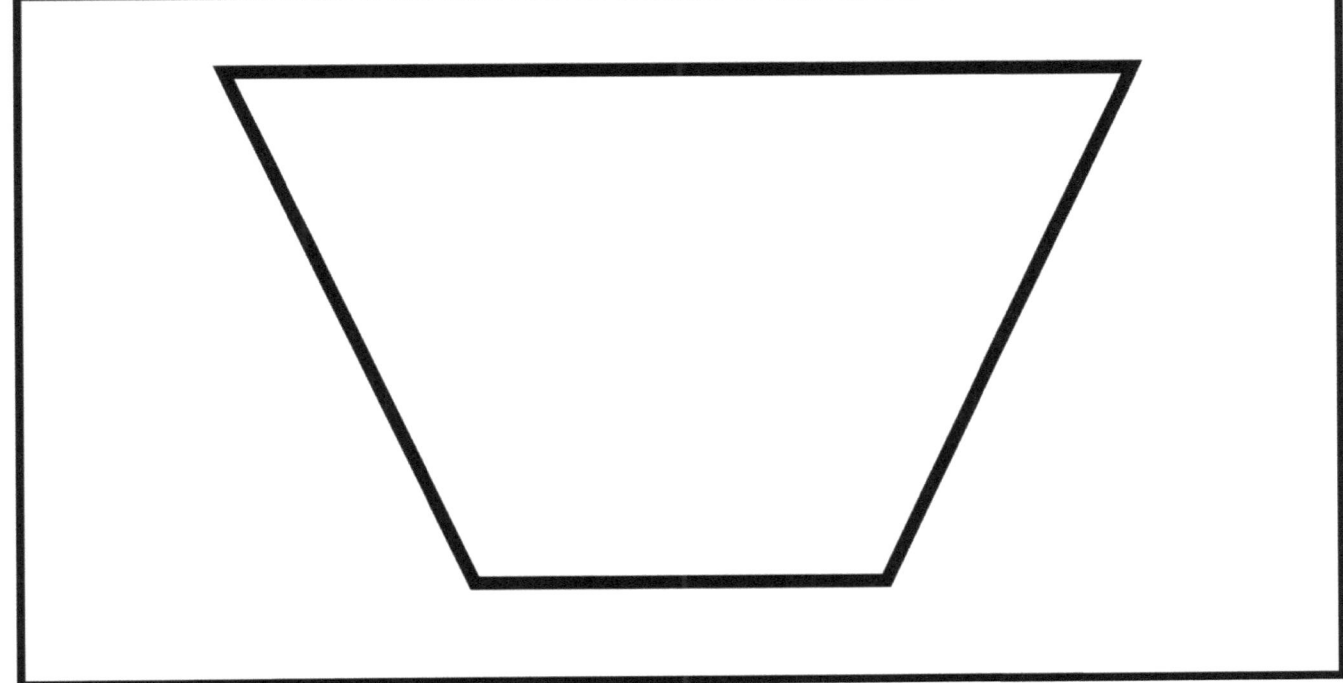

二维形状学习卡

第二十七课： 分享和评论同伴的解决各种类型习题的策略。

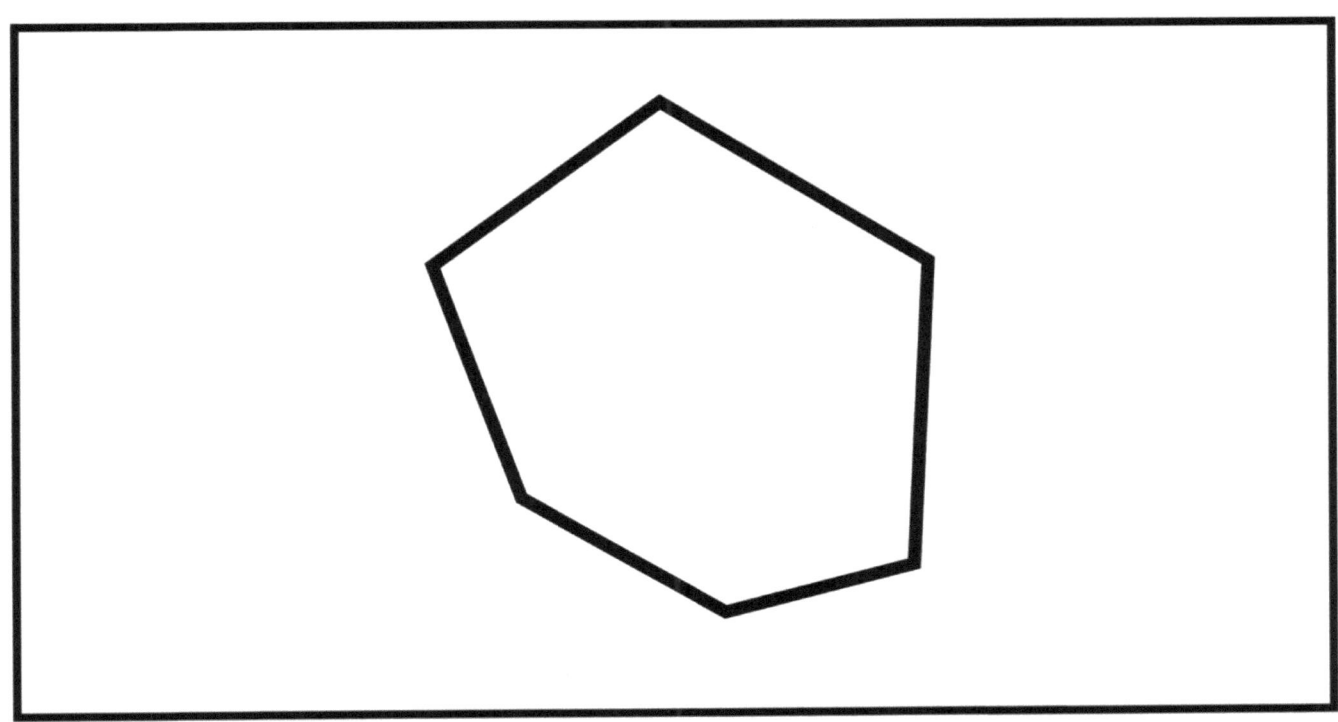

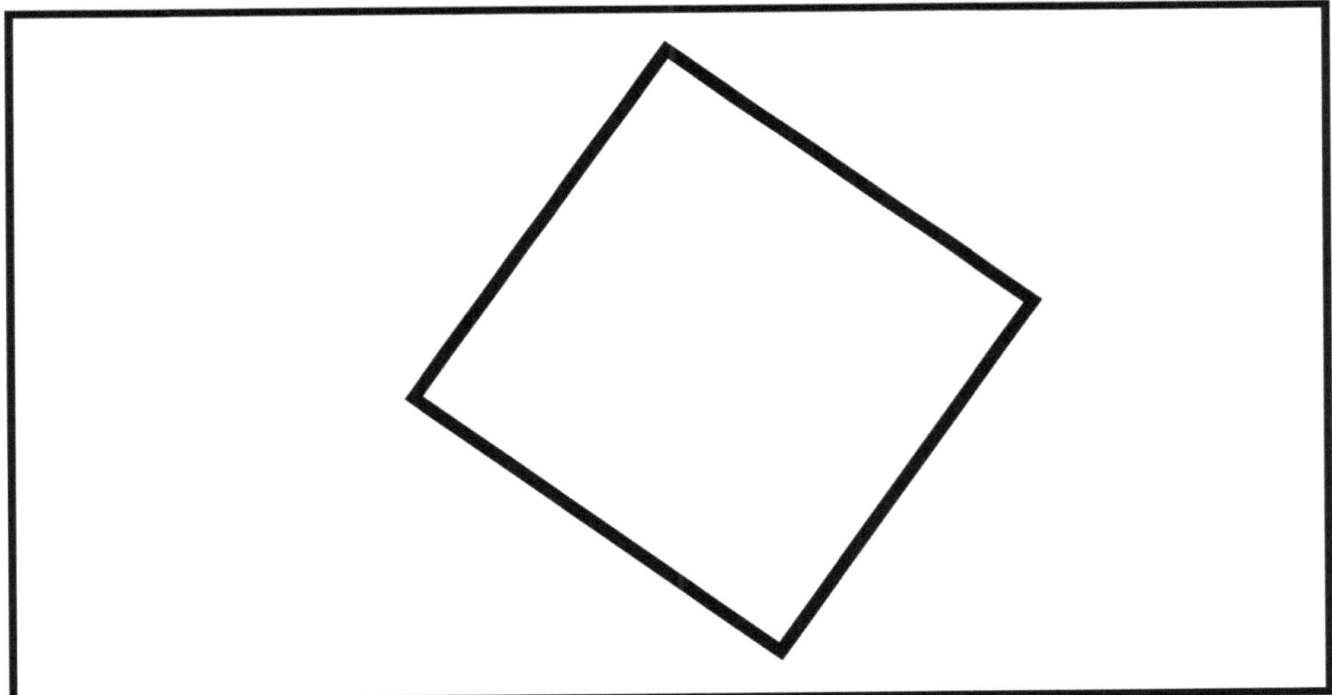

二维形状学习卡

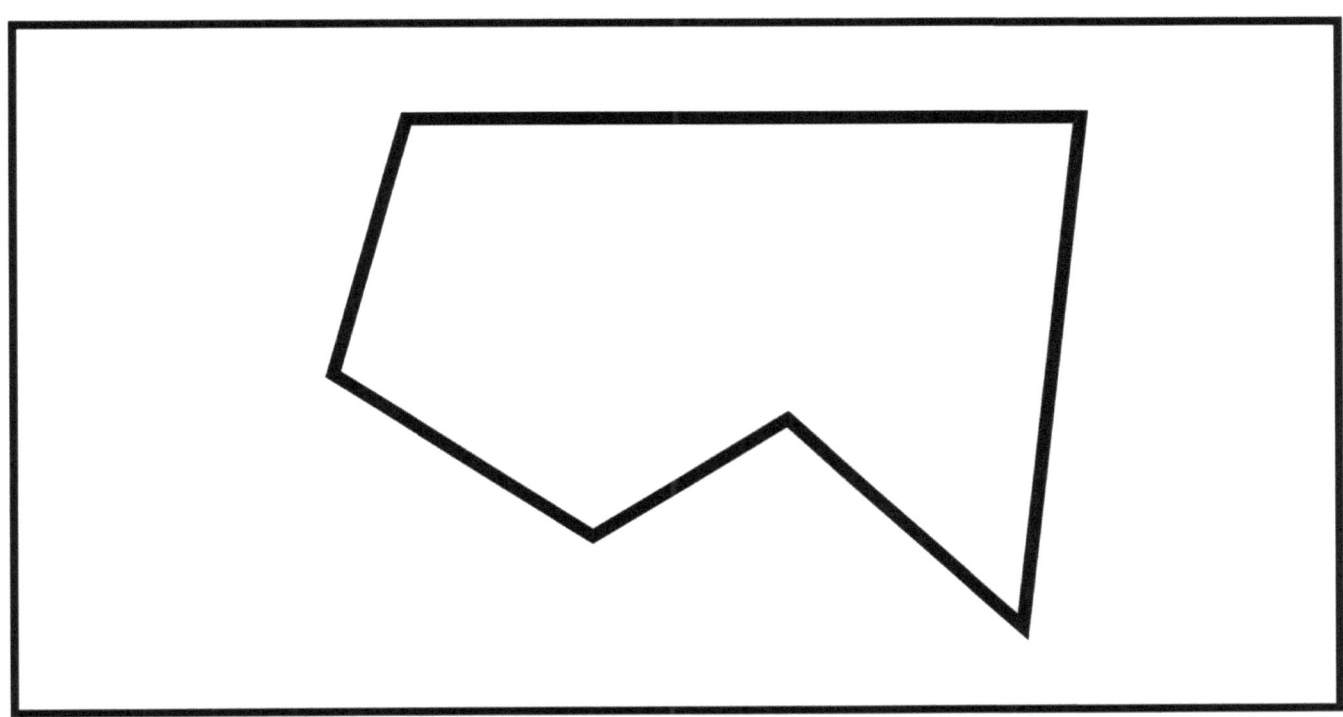

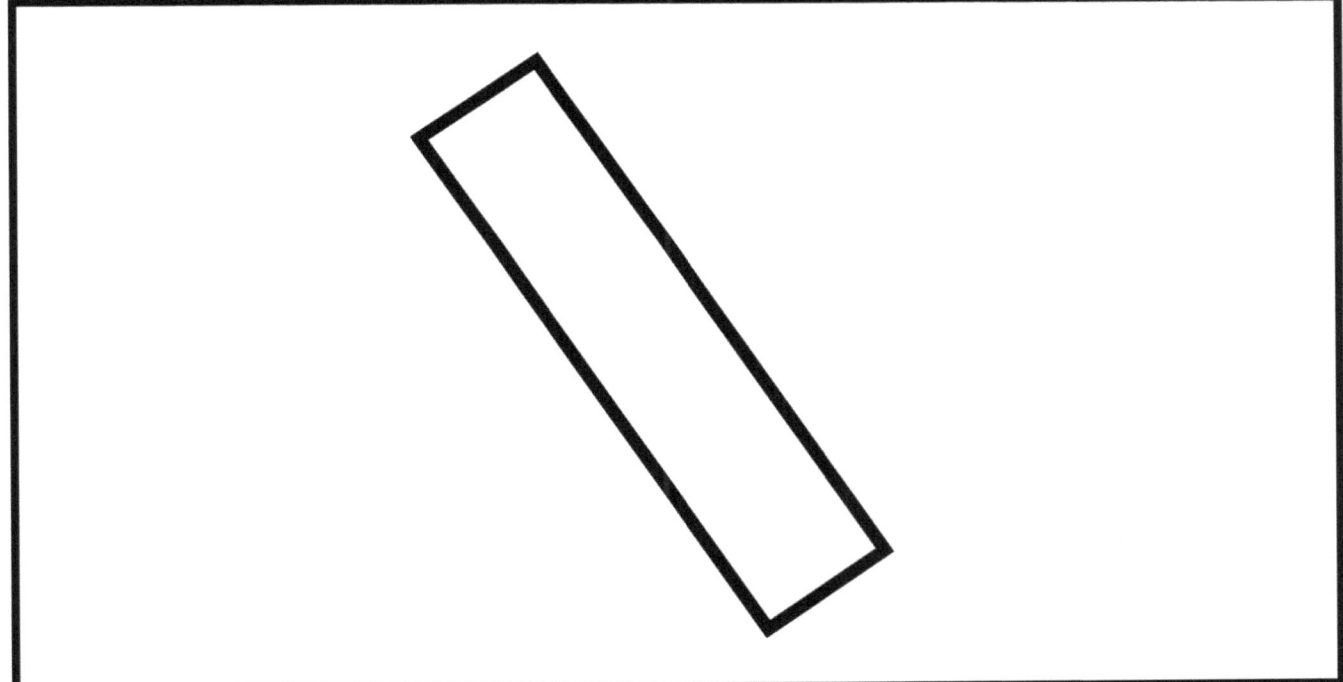

二维形状学习卡

二维形状	三维形状
圆形	球体
三角形	圆锥体
矩形	圆柱体
菱形	长方柱
正方形	立方体
梯形	
六边形	

____ 角	____ 角
____ 直角	____ 面
____ 边	____ 直边
边长都一样吗？	所有的面形状都一样吗？
是　　　　否	是　　　　否

形状记录纸

第二十七课： 分享和评论同伴的解决各种类型习题的策略。

| 单位的故事 | | | | 第二十八课冲刺 | 1•6 |

A

正确的数字: ⭐

姓名 _____ 日期 _____

*写出点数。尝试找到将点分组以简化计数的方法！

1.	●●		16.	●●●●● ●●●●	
2.	●●●		17.	●●●●● ●●●	
3.	●●●●		18.	●●●●● ●●●●	
4.	●●●		19.	●●●●● ●●	
5.	●		20.	●●●●● ●	
6.	●●●●		21.	●●●●● ●●●●	
7.	●●●●●		22.	●●●●● ●●●●	
8.	●●●●		23.	●●●● ●●●●	
9.	●●●●● ●		24.	●●●●● ●●●	
10.	●●●●● ●●		25.	●●● ●● ●●●●●	
11.	●●●●●●		26.	●●●●● ●●	
12.	●●●●		27.	●●●● ●● ●●●	
13.	●●●●● ●		28.	●●● ●●●	
14.	●●●●● ●●●		29.	●● ●●● ●●	
15.	●●●●● ●●		30.	●● ●●●● ●	

第二十八课: 庆祝10（和20）以内加减法熟练度的进步。组织参与暑假练习。

139

单位的故事 　　　第二十八课冲刺　1•6

B

姓名 _____　　日期 _____

正确的数字：

*写出点数。尝试找到将点分组以简化计数的方法！

1. •		16. ••••• •••	
2. ••		17. ••••• ••••	
3. •		18. ••••• ••	
4. ••••		19. ••••• •••	
5. •••		20. ••••• •••••	
6. •••••		21. ••••• ••••	
7. ••••		22. ••••• •••••	
8. •••••		23. • •••• •••••	
9. ••••• ••		24. ••••• •••••	
10. ••••• •		25. •• •••••	
11. ••••• •••		26. ••• • •• ••	
12. ••••• •		27. •• ••• ••• ••	
13. •••••		28. ••• ••	
14. ••••• ••		29. ••• •• •••	
15. ••••• •		30. •• •••••	

第二十八课： 庆祝10(和20)以内加减法熟练度的进步。组织参与暑假练习。

打靶练习

目标数字:

选择一个目标数字,在6到10之间,并将其写在页面顶部的圆圈的中间。掷骰子。在其中一个箭头的末端写下在圆圈中滚动的数字。然后,通过写出需要的数字,做出一个靶心,而在另一个圆圈中做出你的靶子。

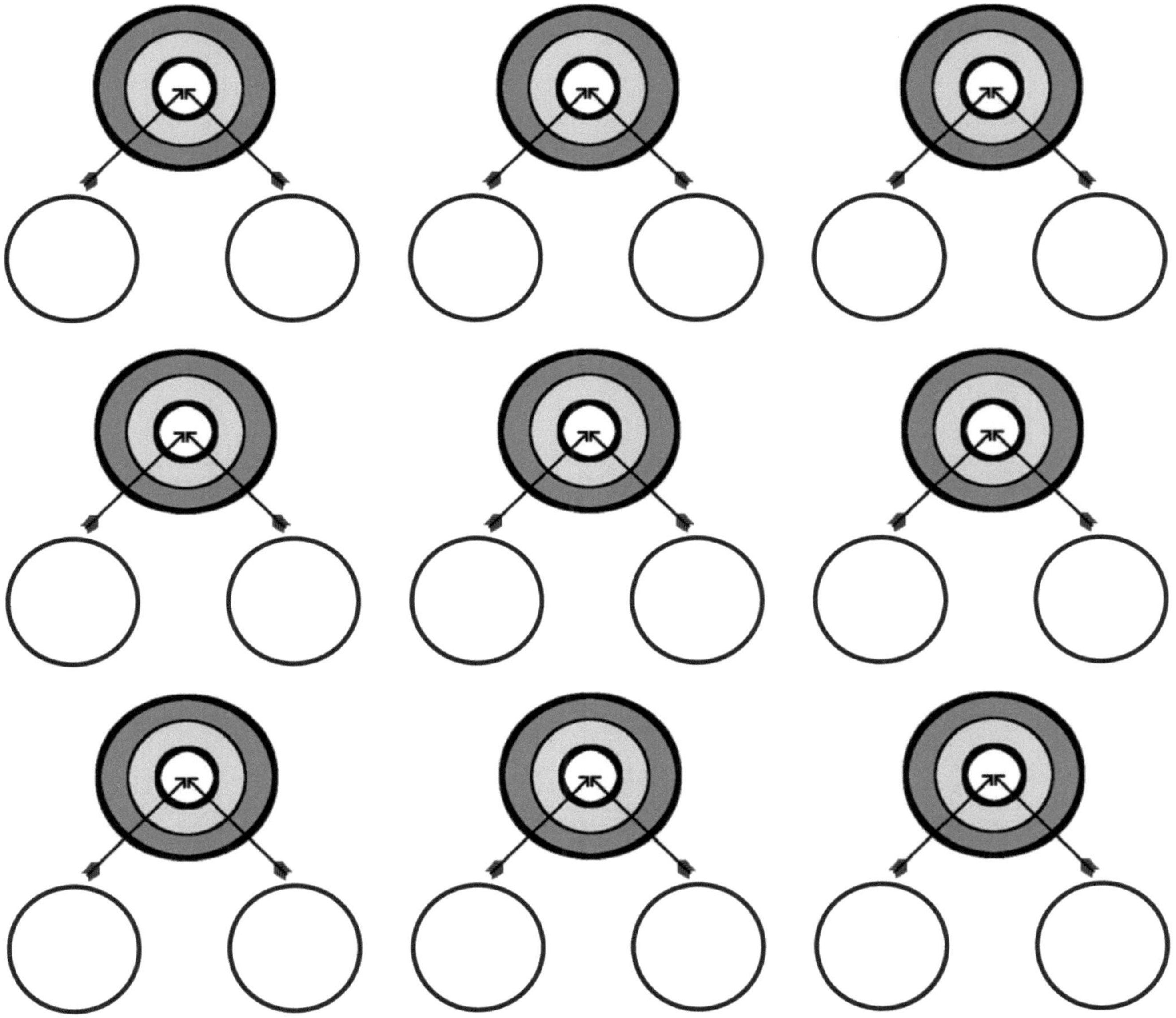

箭靶练习

第二十八课: 庆祝10(和20)以内加减法熟练度的进步。组织参与暑假练习。

| 单位的故事 | 第二十八课模板3 |

姓名 _____ 日期 _____

 力争上游!

| 2 | 3 | 4 | 5 | 6 | 7 | 8 | 9 | 10 | 11 | 12 |

争夺冠军

第二十八课： 庆祝10（和20）以内加减法熟练度的进步。组织参与暑假练习。

| 单位的故事 | 第二十九课样式表 | 1•6 |

姓名 _____   日期 _____

数字键冲刺！

指导：在90秒内尽你所能。

在这里写下你完成的数额：_____

1. 10 / 10, ☐
2. 10 / 9, ☐
3. 10 / 8, ☐
4. 10 / 9, ☐
5. 10 / 10, ☐

6. 10 / ☐, 9
7. 10 / ☐, 8
8. 10 / ☐, 7
9. 10 / ☐, 8
10. 10 / ☐, 7

11. 10 / 6, ☐
12. 10 / 7, ☐
13. 10 / 6, ☐
14. 10 / 5, ☐
15. 10 / 4, ☐

16. 10 / ☐, 6
17. 10 / ☐, 4
18. 10 / ☐, 3
19. 10 / ☐, 4
20. 10 / ☐, 3

21. 10 / 0, ☐
22. 10 / 1, ☐
23. 10 / 2, ☐
24. 10 / 4, ☐
25. 10 / 2, ☐

第二十九课： 庆祝10（和20）以内加减法熟练度的进步。组织参与暑假练习。

鸣谢

Great Minds® 竭尽全力获得转载所有版权教材的许可。如对任何版权材料的拥有人未在此致谢，请联系 Great Minds，以在未来的版本以及本模块的转载中获得正确的致谢。

Printed by Libri Plureos GmbH in Hamburg, Germany